はじめての猫

決定版

監修
かまくらげんき動物病院
院長 石野 孝

Gakken

猫の特徴と習性を知ろう

「猫ってこんな動物」

猫ってちょっとフシギな動物、と思っていませんか？
繊細で複雑、だけど単純なところもある猫を知れば知るほど、
その魅力にきっとハマるはず！

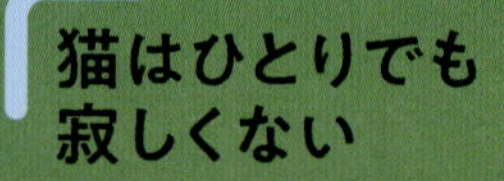

猫はひとりでも寂しくない

猫は、野生では一匹で生活していた単独行動者。ひとりで過ごすことはつらくありません。留守番も平気なのでとても飼いやすい動物です。

でも・・・
いっしょにいるのも好き

とはいえ、親しい仲間や飼い主さんといっしょにいるのも大好き。知らない間にそばに来てくっついて寝ていた、なんてかわいい一面もあります。

猫はいつもの場所が安心する

猫はなわばりを作る動物。室内飼いの猫なら、家の中がなわばりになり、一番安心できる場所。「外に出られなくてかわいそう」なんて思う必要はありません。いつもの場所でいつもと同じように過ごすのが猫にとっては一番なのです。

だけど！
新しいコトも気になる

猫はとっても好奇心旺盛。新しいことに興味を示し、においをチェックします。猫とはじめて会ったときは、人さし指を差し出してみましょう。指のにおいを嗅ぎに来ます。

猫は肉食動物！

猫は野生では狩りで獲物を捕まえていました。家庭では、猫に必要な栄養バランスが考えられているキャットフードを与えるのが一番です。

だから･･･狩りみたいな遊びが大好き！

野生時代、ネズミや鳥などを追いかけて捕まえていた猫。狩りをする必要がない今も、獲物を捕まえるような遊びでは大興奮します。

猫のカラダはフシギでいっぱい！

くるくる変わる瞳

猫の瞳は丸くなったり、縦に細くなったり自由自在。瞳に入る光の量を調整するために大きさが変わりますが、感情によっても変化します。

よく聴こえる耳

猫の聴覚は、人や犬よりも優れています。獲物がたてるかすかな音も逃さず、超音波だって聴き取ります。

プニプニの肉球

獲物を捕まえるときに音をたてずに獲物のそばまで忍び寄れるのは、柔らかな肉球のおかげ。猫好きさんたちの一番人気のパーツでもあります。

敏感な鼻やヒゲ

ヒゲは触毛と呼ばれる感覚器。微妙な風向きだって感じ取れます。優れた嗅覚を使って、情報収集することも。

しなやかな体！

抜群の身体能力をもつ猫は、ジャンプもお手のもの。自分の5倍以上の高さまで跳ぶことができます。優れた平衡感覚や柔軟性にも驚かされるはず！

感情が出ちゃうしっぽ

猫のしっぽには感情が表れます。パタパタと振ったり、ピンッと立てたり。名前を呼ぶと、しっぽをピョコッと上げるだけの返事をすることも！

猫はキレイ好き！

猫はとてもキレイ好き。自分の体は自分で毛づくろいします。とはいえ、飼い主さんによるブラッシングなどのお手入れは必須。スキンシップをかねて行いましょう。

PERO PERO

だから・・・トイレは清潔に

猫は特にトイレに敏感。いつも清潔にしていないと、トイレを使わなくなり、健康に影響が出ることも。毎日掃除をし、快適なトイレ環境を作りましょう。

たまにイタズラもする？

猫にとっては本能にもとづく行動でも、人にはイタズラや困った行動に映ることも。猫の行動の理由や原因を見極めてあげることが大切です。

一番好きなのは眠ること！

とにかく猫はよく眠る動物です。成猫の1日の睡眠時間は14時間ほど。子猫は20時間以上を睡眠に使っています。安心しきった表情で無防備に眠る寝姿を見つめられるのは、猫を飼う醍醐味のひとつ。飼い主さんにとっての癒やしの時間でもあります。

さぁ、
猫との暮らし、
始めませんか？

もくじ

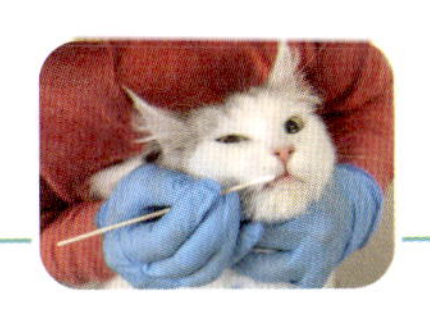

Part 3

体のお手入れをしよう

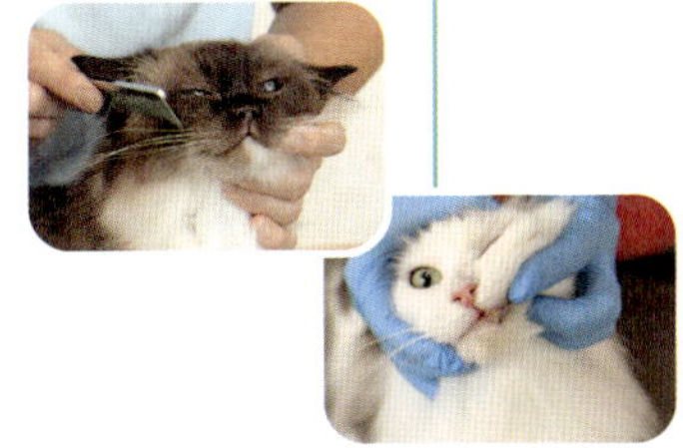

Part 4

猫と仲よくなろう！

Part 5

病気・ケガを防いで健康に

巻末付録

防災ガイドブック

災害が起きたときに、猫も飼い主さんも生き残れるように日ごろの備えや避難のしかたなどを紹介します。

Part 1
猫をおむかえしよう！

「猫といっしょに暮らしたい！」と思ったら
まずはどんな猫をおむかえしたいのか、
考えてみましょう。
猫のことを知って、必要な準備をすることが大切。
あなたと猫との生活がもうすぐ始まります！

どんな猫と暮らしたい?

猫といっても、さまざまな種類があります。
見た目、性格や特徴、お世話のしかたもいろいろ。
どんな猫を選べばいいか考えてみましょう。

仲よくつき合える猫をじっくりと検討してみよう

かわいい猫といっしょに暮らしてみたい、と思ったなら、まずどんな猫を選べばいいか考えましょう。自分好みの猫を選ぶためには、それぞれの性格や特徴を知ることが大切。また、猫によってお世話にかかる手間も違います。住環境についても考えなければいけません。"衝動飼い"は禁物。じっくりと考え、楽しくつき合える猫を選びましょう。

猫の基本的な性格と特性

- 束縛が嫌いで単独行動をする
- 1日のほとんどを寝て過ごす
- 獲物を捕らえるハンターの一面も

猫は室内でいっしょに過ごすことが多いだけに、相性のよい猫を選びたいもの。

オス？メス？性格も体格も違う！

猫の性格は、個体差はありますが、オスは活発で外交的、そして甘えん坊が多いといわれています。メスは内気で落ち着いたクールなタイプが多いようです。子猫のときは性別による外見の違いはほとんどありませんが、成猫になるとオスのほうが大きな体格になり、顔も大きく、横に張り出します。メスは体も顔もほっそり、しなやかな印象です。

メス

- オスより体は小さめで、しなやかな体つき
- なわばり意識はオスより弱く、争い事を好まない
- 性格はクールな猫が多い

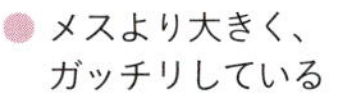

オス

- メスより大きく、ガッチリしている
- なわばり意識が強く、ケンカも多くなりがち
- 性格は人懐っこく、やんちゃ。甘えん坊が多い

活発な短毛種か、優雅な長毛種か？

毛の短い猫を「短毛種（たんもうしゅ）」、長い猫を「長毛種（ちょうもうしゅ）」といいます。短毛種は活発な性格が多く、毛のお手入れの手間はあまりかかりません。長毛種は性格がおっとりとしていておとなしいことが多いですが、毎日のこまめなブラッシングが必要で、お手入れに手間をかけられる人に向いています。

短毛種

- 活発で機敏な猫が多い
- 毛のお手入れは長毛種よりは楽

長毛種

- おっとりしていておとなしい猫が多い
- 長い毛はからまりやすく、毎日のお手入れは必須
- 束縛が嫌いで単独行動をする

毛がない猫!? 無毛のスフィンクス

柔らかいうぶ毛しか生えてこない、ほとんど無毛の猫種、スフィンクス。その容姿はとてもユーモラスですが、手触りはベルベットのように滑らか。ほかにも被毛がカールしている猫種もいます。

やんちゃな子猫？ 落ち着いた成猫？

子猫を飼うよさは、なんといっても愛らしい子猫の時期を堪能できること。そして、成長を毎日楽しむことができることでしょう。しかし楽しい半面、手間がかかることも事実。トイレや爪とぎを教えたり、1日に何度も食事を与えたりと、お世話に手間がかかります。タフでやんちゃなので、満足するまで遊び相手になってあげる時間も必要です。

こまめなお世話が難しい人は、成猫から飼いはじめるのも手。トイレなどのしつけをされた猫であれば、手間もかかりません。落ち着いた関係を築けるでしょう。ただし、飼い主さんに慣れるまで時間がかかる場合もあります。

キュートで愛らしい子猫か、手間がかかりにくい成猫か。自分の生活スタイルとあわせてよく考えましょう。

子猫

- 愛らしい時期を楽しめる
- しつけがしやすく、環境になじみやすい
- トイレや食事など、お世話に手間がかかる

成猫

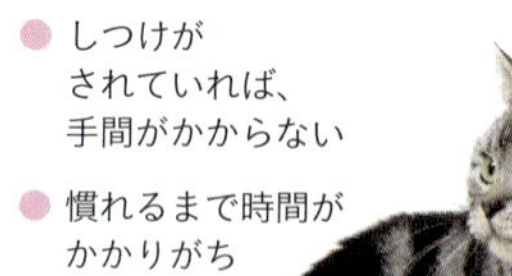

- しつけがされていれば、手間がかからない
- 慣れるまで時間がかかりがち

特徴が明確な純血種？ 色や模様が楽しめる雑種？

純血種は、猫種による特徴が明確なので、好きなタイプを選びやすいのが利点。その猫種独特の色や外見の特徴もあります。一方、雑種(ミックス)は、色や模様に多様性があるところが魅力です。いずれも個体によって性格などは違うので、事前によくチェックしましょう。

純血種についは16ページへ

純血種

- 猫種によって模様や性格に傾向があるので、イメージしやすい
- めずらしい猫種は手に入れにくいことも

雑種

- 色や模様、性格に多様性がある

好みの模様や顔は？ いろんな猫を見てみよう

せっかく猫を飼うなら、好みの外見の猫を選びたいのも本音。ひと口に猫といっても、模様や顔つき、体型は多種多様です。どんな猫が好みか、ペットショップやキャットカフェでいろいろな猫を見てみると、自分の好みの猫種の傾向が見えてくるかもしれません。

どんな色＆模様が好み？

色＆模様についは22ページへ

単色

単色の被毛に覆われています。ホワイト、ブラック、ブルー(写真のような色)など。

しま模様

アメリカンショートヘア(写真)のように横腹に渦巻き模様のあるしま模様(クラシックタビー)など。

2・3色

2色以上が組み合わさった被毛で、色のパターンによって「さび」や「三毛」などさまざまな呼び方があります。

どんな体型＆顔が好き？

まん丸＆ずんぐり

専門的には「コビー」と呼ばれる体格で、腰幅が広くて重心が低く、どっしりとしています。ペルシャやヒマラヤン、エキゾチックショートヘアがこれ。鼻ぺちゃ顔の猫も。

ニョロッとスリム

「オリエンタル」と呼ばれる体型で、非常にほっそりとしたボディに長い首、ひょろりと伸びた四肢、そして小さな逆三角形の頭が特徴。シャムやオリエンタルショートヘアがこの体型。

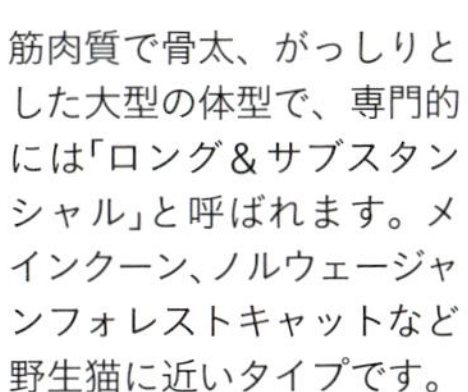

しなやか均等型

長くバネのある四肢とすらりとした筋肉質なボディは「フォーリン」と呼ばれる体型。アビシニアンやロシアンブルーのように、くさび形の頭とアーモンドのような形の大きな瞳が特徴です。

がっしり野生的

筋肉質で骨太、がっしりとした大型の体型で、専門的には「ロング＆サブスタンシャル」と呼ばれます。メインクーン、ノルウェージャンフォレストキャットなど野生猫に近いタイプです。

人気の猫種せいぞろい！

世界の猫種図鑑

世界各国で誕生した純血種の猫たち。
毛色や姿だけでなく、性格にも傾向があるので、好みの猫を探してみましょう。

＊性格は、傾向を記載しています。また、個体差もあります。

輝く被毛とお茶目な性格が魅力

エチオピア

アビシニアン

Abyssinian

筋肉質でしなやかなボディ。エレガントに歩く姿は野生のヤマネコのようです。好奇心旺盛で活発なので、たくさん遊んであげましょう。

体　重	3～5kg	鳴き声	小さい
運動量	多い	性　格	好奇心いっぱいの甘えん坊。人懐っこい。

クルンと丸まった耳がキュート！

アメリカ

アメリカンカール

American Curl

クルンと外向きに反り返った耳が特徴。愛情が深く、人間の子どもともすぐに仲よくなり、いっしょに遊ぶのも得意です。

体　重	3～6.5kg	鳴き声	普通
運動量	多い	性　格	とても賢く、愛情が深い。好奇心旺盛で遊び好き。

人見知りしないおおらかな性格

アメリカ

アメリカンショートヘア

American Shorthair

人見知りが少なく、だれとでも打ち解けやすい子が多いです。ネズミ退治で活躍していたため、タフで活発。たくさん遊ぶと大喜びします。

体　重	3～6kg	鳴き声	普通
運動量	多い	性　格	陽気で穏やか、人に従順。環境に順応しやすい。

アメリカ

エキゾチックショートヘア

Exotic Shorthair

丸っこい体つき、くりっとした大きな目が愛らしい猫種。お手入れの手間も長毛のペルシャほどにはかからないので初心者にもおすすめ。

体　重	3〜5.5kg	鳴き声	小さい
運動量	普通	性　格	おとなしく、優しい性格。適度に遊び好き。

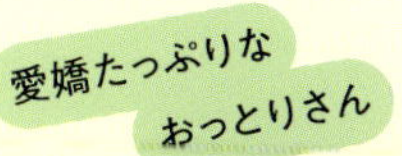

日本

ジャパニーズボブテイル

Japanese Bobtail

チャームポイントは、短くて丸いしっぽ。聞き分けがよく、愛嬌もあり、お手入れも楽なので初心者向きの猫種といえそうです。

体　重	3〜4.5kg	鳴き声	普通
運動量	多い	性　格	穏やかで優しく、遊ぶことが好き。

タイ

シャム

Siamese

ほっそりとした優雅なボディ、ポイントカラーのシックな被毛をもつ猫。よく動く活発な猫なので、いっしょに遊んであげましょう。

体　重	3〜4kg	鳴き声	大きい
運動量	多い	性　格	明るくて奔放。寄り添うのが好きな甘えん坊。

シンガポール

シンガプーラ

Singapura

もっとも体が小柄な猫種。すばしっこく走り回りますが、おとなしくて穏やかな猫。身軽なので、飼い主さんの肩に乗ることも。

体　重	2〜3.5kg	鳴き声	普通
運動量	普通	性　格	おとなしくて優しい性格。甘えん坊の一面も。

イギリス

スコティッシュフォールド

Scottish Fold

垂れ耳＆大きな瞳が愛らしさたっぷり。垂れ耳はストレスなどで立つことも。愛嬌たっぷりで、マイペースなおとなしい猫です。

体　重	3〜5kg	鳴き声	普通
運動量	普通	性　格	人懐っこくて愛嬌たっぷり。穏和でおとなしい。

カナダ

スフィンクス

Sphynx

無毛の姿が特徴的。よく見ると産毛があります。ほかの猫種に比べて暑さや寒さに弱く、しわにたまる汚れもケアが必要なので、飼育は上級者向き。

体　重	3〜5kg	鳴き声	小さい
運動量	普通	性　格	人懐っこく、注目されるのが好き。好奇心旺盛。

ノルウェー

ノルウェージャンフォレストキャット

Norwegian Forest Cat

豊かな被毛とフワフワのしっぽがゴージャス。森の中で暮らしていたので、木登りのような動きが好き。運動能力はかなりのものです。

体　重	3.5～6.5kg	鳴き声	普通
運動量	多い	性　格	繊細で穏和。賢くて愛情深い。甘えん坊の一面も。

賢くておとなしいフワフワの大型猫

穏和でのんびり、愛らしい鼻ペチャ顔

イギリス

ヒマラヤン

Himalayan

上を向いたチャーミングな鼻と濃いポイントカラーが特徴です。長毛のお手入れは必要ですが、しつけはしやすいので、初心者にもおすすめ。

体　重	3～5.5kg	鳴き声	小さい
運動量	普通	性　格	穏和でのんびり。静かに座って過ごすことも多い。

イギリス

ブリティッシュショートヘア

British Shorthair

ビロードのような手触りで、モコモコとした被毛がかわいらしい猫種。鳴くことが少ない猫なので、集合住宅で暮らす人にぴったり。

体　重	4.5～5.5kg	鳴き声	小さい
運動量	多い	性　格	賢くて穏やかな性格。もの静か。よく懐く。

質実剛健、もの静かなお利口さん

アフガニスタン

ペルシャ

Persian

光沢のあるエレガントな被毛が美しい猫です。静かに座っていることが多いのんびり屋さんで、飼いやすいといわれます。

体　重	3〜5.5kg	鳴き声	小さい
運動量	普通	性　格	おっとりしていて控えめ。環境に順応しやすい。

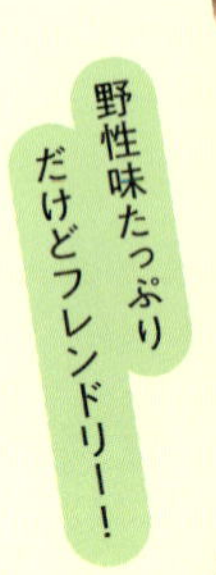

アメリカ

ベンガル

Bengal

ベンガルヤマネコの血を継ぐ、野生的な風貌が魅力的。たくさん話しかけてくれるフレンドリーな猫種。よく鳴くので、集合住宅では防音対策が必須。

体　重	3.5〜5kg	鳴き声	大きい
運動量	多い	性　格	穏やかでフレンドリー。愛情豊かで利口。

アメリカ

マンチカン

Munchkin

ちょこんとした短い足がとってもかわいく愛らしいルックス。活発で遊び好きなので、よくかまってたくさん遊び、運動量をアップさせましょう。

体　重	3〜5kg	鳴き声	普通
運動量	普通	性　格	外交的で陽気。好奇心が強く、遊び好き。

アメリカ

メインクーン
Maine Coon

胸のダブルコートがゴージャスで、フサフサなしっぽも魅力的。オスは体重6kg以上と大型なので、しっかり運動できるよう、室内環境に工夫が必要です。

体　重	3～6.5kg	鳴き声	普通
運動量	多い	性　格	穏和でもの静か。聡明で、甘えん坊な一面も。

アメリカ

ラグドール
Ragdoll

ラグドールとは「ぬいぐるみ」の意味で、その名のとおり抱っこされるのが大好き。長毛種にしては抜け毛が少ないので、1日1回のブラッシングでOK。

体　重	3～7kg	鳴き声	普通
運動量	多い	性　格	とても落ち着いていて従順。甘えん坊。

ロシア

ロシアンブルー
Russian Blue

シルバーグレーに輝く被毛が特徴。かすかに微笑んでいるような表情も愛らしく、飼い主さんにはさまざまな表現で愛情を示してくれます。

体　重	3～5kg	鳴き声	小さい
運動量	多い	性　格	内気。静かなところを好む。人に忠実。

猫の毛色・柄図鑑

品種だけでなく、毛の色や柄にもちがいがあります。色と柄の組み合わせによって、性格の傾向もあるので、おむかえを考えるときに参考にしてみましょう。

＊性格は、傾向を記載しています。また、個体差もあります。

キジトラ

キジのような茶色×縦じまがワイルド

こげ茶のボディに、トラのようなしま模様が入っています。猫の祖先は、キジトラしかいなかったとか。運動神経がよく、好奇心旺盛な性格。白が入った「キジ白」もいます。

茶トラ

温厚な性格の明るい色のしま模様

オレンジのボディと、同じくオレンジのしま模様の明るい色みが特徴的。オスが多いといわれます。温厚で、食いしん坊な猫が多いそう。白が入った「茶白」もいます。

三毛

日本的なイメージが強い３色の猫

白い体に黒やオレンジが重なった３色の毛色。ほとんどがメスで、オスはとても貴重。クールで気まぐれという、いわゆるツンデレな性格が多いそう。

サバトラ

サバのようなシルバー×黒しま

サバを連想させるシルバーカラーに、黒のしま模様が入った猫。野生的な感覚が残っているのか、慎重な性格。白が入った「サバ白」もいます。

さび

まだら模様が特徴の控えめさん

べっ甲のような、黒とオレンジのまだら模様が特徴的です。しま模様が入ることもあります。賢く、もの静かで臆病な性格。三毛と同じでメスが多く、オスは少ないといわれます。

白

まっ白ボディの神経質な猫

全身が白１色の猫。おとなしい性格の猫が多く、警戒心は強め。敵に見つかりやすいカラーのため、注意深くなったといわれます。左右の目の色がちがうオッドアイが多いようです。

柄が豊富な白×黒

白と黒の組み合わせ。顔の中心に「八」の模様がある「ハチワレ」、足先だけが白い「くつ下」など柄はさまざま。白が多いと白、黒が多いと黒の毛色の性格に近くなるそうです。

白黒（黒白）

黒

神秘的な真っ黒なボディと光る目

全身黒１色で、ミステリアスな姿が特徴的。黒猫を不吉の象徴とする国と、縁起がよいとする国があるようです。人懐っこい性格で、警戒心もうすいといわれています。

黒が薄まって青みがかったグレーに

雑種だと日本ではあまり見かけない、ロシアンブルーのようなグレーの毛色。黒の毛色が突然変異したそうです。デリケートな性格が多いといわれています。

グレー

どこで猫をおむかえする？

猫をおむかえする方法はいくつかあります。
純血種が希望ならペットショップやブリーダーに相談を。
ほかにも、保護団体などからゆずってもらう方法もあります。

情報収集をしてから猫を迎えよう！

かわいらしい子猫を見てしまうと、つい勢いですぐにおむかえしてしまいそうになることも。その気持ちはわかりますが、"衝動飼い"は飼い主さんにも、猫にもよくないのでやめましょう。インスピレーションも大切ですが、猫を飼う前にしっかりとお世話の内容を勉強したり、グッズの調達などの下準備が必要です。
自宅は猫を迎えられる環境か、家族の同意は得られているか、本当に最期まで飼い続けることができるかなどをよく検討しましょう。また、猫と暮らすには費用もかかります。情報収集をし、家族で話し合ってから、猫をおむかえしましょう。

どこからおむかえする？

ペットショップ

猫を販売する店。店頭で、たくさんの猫種を一度に見ることができます。

くわしくは25ページへ

ブリーダー

純血種の猫の繁殖を行っている専門家。おむかえしたい猫種が決まっている人向け。

くわしくは25ページへ

保護団体・保護本

猫の保護活動を行っている団体や個人。条件をクリアすれば、里親になることができます。

くわしくは26ページへ

保健所・動物愛護センター

各自治体が運営する保健所・動物愛護センターから、処分されてしまう猫を引き取る方法もあります。

くわしくは26ページへ

動物病院

待合室の掲示板に、里親募集のお知らせが貼られていることがあります。

くわしくは27ページへ

ペットショップ

信頼できるショップを探してみよう

純血種の猫をおむかえしたいけれど、どの猫種にしようか決めかねている人には、ペットショップがおすすめ。たくさんの猫種を一度に見ることができるのが利点です。また、猫用グッズやフード、おもちゃなどさまざまな商品がその場で揃うのも便利。猫種ごとの特徴は店員さんが教えてくれるでしょう。できれば何軒か見て回って、信頼できるショップを選ぶことが大切です。

純血種をおむかえしたいなら、まずペットショップに足を運んでみましょう。いろいろな猫種が待っているはずです。

ブリーダー

猫種を決めたならプロのブリーダーへ

ブリーダーとは、純血種の猫の繁殖を行っている専門家のこと。ブリーダーごとに繁殖している猫種が違うので、おむかえしたい猫種が決まっているときにおすすめです。雑誌やインターネットで探してみるとよいでしょう。ブリーダーを訪ねれば、母猫や飼育環境を確認できるほか、きょうだいのなかから好みの猫を選ぶこともできます。ただし、いつでも子猫がいるわけではありません。

ブリーダーは、その猫種の専門家。その猫種の性格や、特有のお世話のしかたなどを親身になって教えてくれるはずです。

\ check! /

よいペットショップ・ブリーダーの見分け方

✔ 飼育環境は整っている?

猫が清潔な環境で大切に飼育されているかどうかをチェックしましょう。トイレが衛生的かを確認するのもポイント。狭い場所や小さなケージで何匹も飼っているところや、悪臭がするところは、要注意です。飼育環境を快く見学させてくれるブリーダーは安心。

家庭的な雰囲気で飼育するブリーダーも。

✔ 子猫の健康管理は万全?

ワクチン接種は健康管理の基本。子猫の引き渡しまでにきちんとワクチン接種を済ませているか、聞いてみましょう。子猫に触るときに消毒を義務づけていないところは要注意。

✔ スタッフの知識は豊富?

猫についての質問にていねいに答えてくれるところは、信頼できます。猫を次々と抱っこさせてくれるのは、猫への配慮が欠ける行為。猫の知識が豊富であれば、猫を適切に扱うはずです。

保護団体・保護主

保護猫のおむかえは38ページへ

飼い主のいない猫の里親を募集！

ボランティアで、飼い主のいない猫の保護活動を行っている団体や個人が全国各地にいます。保護した猫の健康管理をしたり、新しい飼い主さんと暮らせるようにトレーニングしたりするなどして、里親への譲渡を行っています。猫を迎えたいと考えているなら、不幸な猫を救うためにも、保護猫をゆずってもらうのもひとつの方法です。注意したいのは、名乗りをあげれば誰でも里親になれるわけではないということ。保護した団体や個人によって、譲渡する条件を設けていることがほとんどです。

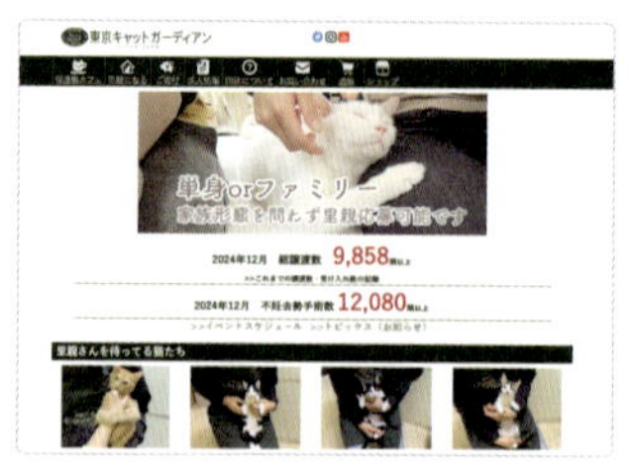

東京キャットガーディアン

東京を拠点に、行政から猫を引き取り、譲渡する活動をしている団体。猫カフェ形式のシェルターをもつほか、サイト上で里親を待つ子猫の写真や動画を随時掲載。

NPO法人 犬と猫のためのライフボート

主に関東で、保健所から犬や猫を引き取り、里親を探す活動を展開。サイトでは譲渡会の情報のほか、面会可能な猫の写真も常時アップしています。

保健所・動物愛護センター

行政が主催する里親探しの会も

各自治体の保健所・動物愛護センターには、毎日たくさんの猫がもち込まれています。猫には罪はなく、人と動物とが共生できる社会になることが求められています。各保健所・動物愛護センターではもち込まれた猫の譲渡会を定期的に行っていることも。あなたが手を差し伸べることでその命を救うことができます。里親になる条件が設けられているので、問い合わせてみましょう。

里親になることで、不幸な猫を救うことができます。運命の猫が、あなたが来るのを待ち望んでいます。

動物病院

里親募集のポスターをチェック！

動物病院の待合室では、掲示板で猫の里親募集のお知らせが貼られていることがあります。その病院を利用している飼い主さんの家で生まれた子猫や、病院が保護した猫の里親募集です。動物病院での紹介なら、その猫の健康状態を獣医さんに相談することもでき、アドバイスがもらえるので安心です。春先などの出産シーズンに子猫の里親募集は増えるので、ポスターを見かけたら問い合わせてみましょう。

のら猫を拾ったらどうする？

のら猫を拾った場合は、まず動物病院へ連れて行きましょう。健康状態、年齢(月齢)の推定、感染病にかかっていないかなどを診てもらいます。のら猫にはノミなどの寄生虫がいるので、駆除しないまま家に連れて帰ると家の中で繁殖してしまって大変です。成猫の場合、人に慣れにくかったり、室内での暮らしになかなかなじめないことも。そういったことも納得のうえで飼いはじめましょう。

病院でダニやノミの駆除をしてから、自宅へ連れ帰るようにしましょう。

かかっていることが多い病気

のら猫は元気そうに見えても、実は病気だったり、寄生虫をもっていたりすることがあります。のら猫がかかっていることが多い病気もあるので、拾ったときはまず動物病院へ連れて行きましょう。なかには人獣共通感染症にかかっているケースも。必ずキャリーバッグに入れて連れていき、病院では指示があるまで出さないようにしましょう。

内部寄生虫症

体内に回虫などの寄生虫がいる病気。消化吸収・栄養摂取に影響し、下痢や腸炎の症状も。人に感染することも。

外部寄生虫症

疥癬 皮膚にダニが寄生し、強いかゆみが出ます。かきむしって傷ができ、細菌の二次感染につながります。

耳疥癬 耳に寄生するダニにより、強いかゆみが生じます。しきりに頭を振ったり、耳がにおう場合は耳ダニを疑いましょう。

皮下膿瘍

ケンカで深い傷を負い、細菌に感染して皮下で膿がたまる病気。膿を取り除き、抗生物質の投与が必要です。

寄生虫の病気については145ページへ
人獣共通感染症については147ページへ

猫の健康状態をチェックしよう

これから家族になる猫を選ぶためには、
健康状態のチェックは必須。また純血種の場合、
種類ごとにかかりやすい病気があるので確認しましょう。

おむかえ前に健康状態を把握しよう

これから長くいっしょに暮らすことを考えると、あらかじめ猫をよく観察して健康状態をチェックしておくことはとても大切。毛並みや体の動き、目、鼻、口など、各部分をくまなくチェックします。目で見て確認するだけでなく、必ず触りながらチェックしましょう。
猫種によっては、体質の傾向や、かかりやすい病気があることも。持病がある場合は、その病気の知識をもち、つき合っていく気持ちを固めてからおむかえしましょう。

寄生虫は最初に駆除！

ペットショップやブリーダーは、寄生虫の駆除を行っていますが、それ以外から猫をむかえいれるなら、おむかえ前に動物病院で駆除しましょう。人にも感染します。

ノミ

体表に寄生し、激しいかゆみや皮膚病を引き起こします。薬で駆除が可能。のら猫にはほぼいます。

ダニ

顔まわりに寄生します。のら猫にはほぼいます（前ページをご覧ください）。

回虫

腸に寄生し、子猫が感染すると発育不良になります。人にもうつります。薬で駆除可能。

フィラリア

蚊からフィラリアがうつり、血管に詰まって突然死するケースも。薬で駆除が可能。

健康チェックのポイント

見るだけでは健康状態はしっかり把握できません。必ず抱っこし、
触りながら確認をさせてもらいましょう。見た目より重く感じる子猫は元気に育ちます。

1 目

目やにがひどかったり、瞬膜(しゅんまく・目頭にある白い膜)が出たままの猫は病気の可能性が。猫の前で指を動かしたとき、目は指を追うかもチェック！

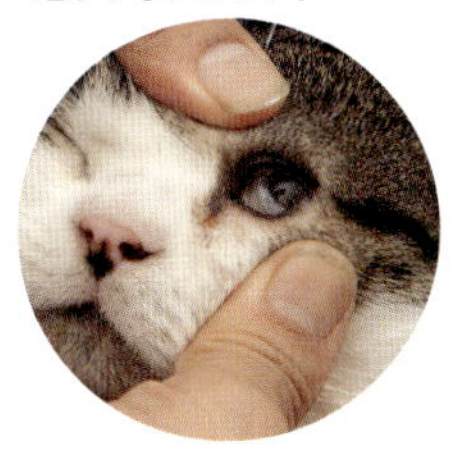

2 耳

耳の中をのぞいて、きれいかどうか、悪臭がしないかを確認。黒い耳アカがたまっていたら耳ダニの寄生が疑われます。音を鳴らしたほうを向くかどうかも確認を。

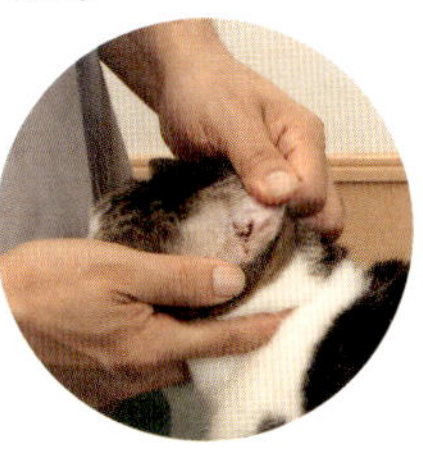

3 鼻

健康な猫は起きているとき、鼻の毛が生えていない部分が湿っています(寝ているときは乾いているので、寝起きの猫は乾いていることも)。鼻水やくしゃみは病気の可能性が。

4 口

歯ぐきがピンク色で引き締まっているか確認。よだれが出ているときは、口の中に傷や口内炎があることも。あごの下に痤瘡(猫ニキビ)がないかも確認しましょう。

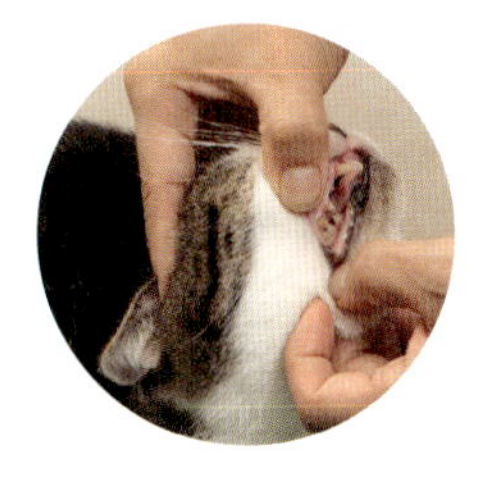

5 足

健康な子猫は太めのしっかりとした足をしています。しなやかに歩かず、足をひきずったり、足を床につけようとしないのは、ケガをしているか関節や骨に異常がある可能性が。

6 おしり

肛門がきれいで、キュッと閉まっていれば健康な証拠。粘膜が赤くただれていたり、汚れているのは慢性的な下痢の疑いが。米粒状の粒は寄生虫の体の一部なので、病院で駆除を！

7 毛並み

毛が薄い、脱毛している部分があるのは、アレルギー性皮膚炎やカビによる脱毛の可能性が。健康な猫は毛づやがよく、ツヤツヤとしています。

猫のお世話グッズを用意しよう

猫を迎える前に、安全・快適な環境作りをしておきましょう。そのためには、あらかじめお世話グッズを揃えておく必要があります。

必需品はおむかえ前に揃えておこう

食事、トイレ、睡眠といった、生活の基本となるシーンで使うグッズは、猫を迎える前に用意しておきましょう。また、猫をむかえに行くときにキャリーバッグは必須。必要なものから揃え、おもちゃなどは徐々に増やせばよいでしょう。ブラシなどのお手入れグッズは、初日に間に合わなければ後から買い足してもよいですが、子猫のうちからお手入れに慣らすと後々困りません。

\ check! /

猫を迎える前に最終チェックをしよう

猫を家に迎える準備は万全ですか？ おむかえできる準備ができているか最終チェックをしてみましょう。

- ✔ 基本のお世話グッズは揃えた？
- ✔ 事故・脱走防止の対策はした？
  くわしくは128ページへ
- ✔ 部屋の環境は整えた？
  くわしくは42ページへ
- ✔ ホームドクターは探した？
  くわしくは130ページへ

猫が来る前に揃えるもの

食器類

深すぎるフード皿だと猫は食べづらく、食いつきが悪くなることも。食べやすいものを用意して。フード用と水飲み用、それぞれ2つずつ用意しておけば、皿を洗うときにもう1つのほうを出せるので便利。

皿は菌が繁殖しにくい陶器、ガラス、ステンレスがおすすめ。子猫には小さめのものを用意して。

トイレ用品

容器の中にトイレ砂を入れて使います。二層式、おまる式、フードつきなど、さまざまなタイプのトイレがあるので、猫の好みを優先して選びましょう。トイレ砂の種類も多岐に渡ります。

トイレ砂はその猫がそれまで使っていた種類を引き継ぐと、猫も安心。ウンチをとるスコップも必須。

トイレ砂の種類は56ページへ

ベッド

猫がくつろげる寝床が必要です。箱やカゴにタオルなどを敷いて手作りしてもOK。デザイン性の高いタイプ、保温力のあるタイプなど、いろいろなベッドが市販されているので、調べてみましょう。

猫が初日からゆっくりとくつろげるよう、静かな場所に設置してあげましょう。

爪とぎ器

猫にとって爪とぎは必須。壁や家具で爪とぎされたくなければ、爪とぎ器を用意しましょう。木製、ダンボール製、麻製などさまざまな素材のものや、形もいろいろあります。

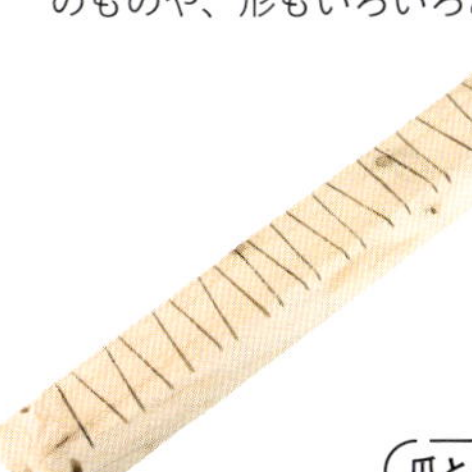

床に置いて使うタイプや、ポールタイプなどがあるので、猫の好みに合わせて。

爪とぎのしつけは58ページへ

キャリーバッグ

猫を引き取るときや、動物病院に連れていくときの必需品。布製バッグやリュックサックタイプ、洗いやすいプラスチック製など、さまざまなキャリーバッグがあるので使いやすいものをチョイスして。

持ち運びやすいもの、また成猫になってからも使えるサイズのキャリーバッグを買いましょう。

POINT

すべてを初日に揃えなくてもOK

ブラシやコームなどの体のお手入れ用品やおもちゃなどは、初日に間に合わなくても徐々に揃えていってもOK。首輪をするなら、迷子札をつけておきましょう。動物病院に連れて行くときにハーネスもつけておくと、脱走防止に役立ちます。

猫を迎えた初日の過ごし方

運命の猫がついにわが家にやってくる日。
今日から飼い主としての生活が始まります！
当日気をつけたいことを、チェックしてみましょう。

おむかえは午前中に！猫のにおいのついたものをもらっておこう

いよいよ猫がわが家にやってくる日。夜までに少しでも新しい環境に慣れてもらうためにも、午前中におむかえを済ませましょう。移動中は、猫が落ち着けるようにキャリーバッグに布をかけて暗くしてあげると◎。家に着いたら静かな部屋にキャリーバッグを置き、扉を開けて猫が自分から自然に出てくるのを待ちましょう。しばらくすると、新しい環境をチェックするため、猫は部屋の中を探検しはじめます。手出しせず、しばらく好きなようにさせてあげましょう。可能なら、猫を引き取る先から、これまで使っていたタオルなどをもらっておき、用意したベッドなどに入れてあげましょう。自分のにおいのついた愛用品があると猫が安心できます。

自分のにおいのついたタオルがあれば、猫は「ここは安心できるところ」と認識します。

POINT

フードやトイレ砂は今までと同じものに！

環境の変化は猫にとってはストレス。なるべく大きな変化を与えないよう、食事は今までと同じフードをあげましょう。トイレには、引き取り先で使っていたトイレ砂を少しもらって新しいトイレに入れると◎。においでそこがトイレだと認識します。

初日のモデルスケジュール

午前中

猫の朝ごはんは抜いておいてもらう

おむかえ

おうち到着

おうち探索

おっかなびっくりしつつ、猫は室内を探検。好きなように過ごさせます。

環境の変化に最初はオドオドするかも。でも大丈夫。しばらくすれば慣れてきます。

ごはんタイム

環境のチェックが終わり、落ち着いた様子であれば、ごはんをあげます。

トイレのレッスン開始

猫がソワソワと何かを探しているのはトイレの合図。連れていってあげて。

眠そうなら好きに眠らせる

緊張が続いて疲れてしまうことも。ゆっくり眠らせてあげましょう。

POINT

キャリーバッグから出ないときは見守って

初めての場所に緊張して、キャリーバッグを開けても出てこないことがあります。無理に出そうとすると、ストレスを感じてしまうので、猫が自分から出てくるまで待ってあげましょう。

2日目以降はどうしたらいい？

2日目以降も猫が環境に慣れるまで、猫のペースで過ごさせてあげましょう。ただし、おむかえして1週間以内には、動物病院で体と健康のチェックをしてもらって。獣医さんに猫のお世話のアドバイスをもらったり、ワクチン接種の相談をしたりするとよいでしょう。

2匹以上の猫を迎えるときは

猫にとって、今まで1匹で過ごしていたところにほかの猫がやってくるのは、とても大きな環境の変化。多頭飼育をしたいときのポイントを紹介します。

先住猫も新入り猫もストレスの対策が必要不可欠！

猫は単独行動をする動物のうえ、1日の3分の2ほどを眠って過ごします。だから、「ひとりでは寂しそう」という理由で、2匹目の猫を飼うことは、猫にとってはまとはずれかもしれません。かえって、ほかの猫がいることでストレスを強く感じる可能性もあるでしょう。神経質な性格であれば、ストレスが原因で病気になってしまうこともあります。一方で、気が合えば遊び相手になって、猫どうしが仲よくなるというメリットもあります。

2匹目をおむかえしたいなら、まずは同居したときに先住猫と新入り猫ができるだけストレスが少なく過ごせる環境を用意できるか、考えましょう。そのうえで、おむかえする猫と先住猫の性格をきちんと見極めて、同居できるのかを検討してください。迎えたあとに、「いつも離れて過ごしているから仲が悪いんじゃないか」と思うこともあるかもしれません。だからといって、無理に近づけるのは禁物。それがお互いのちょうどいい距離感だと思って見守りましょう。

POINT

トライアルを利用しよう

おむかえ前にお試しでいっしょに暮らすトライアル期間を設けけている保護施設もあります。その期間に先住猫と新入り猫の様子をチェックして、お互いがこの先同居を続けられるかを見極めるとよいでしょう。

多頭飼育でストレスを感じているサイン

環境が変化する新入り猫はもちろんですが、先住猫もほかの猫がくることでストレスを感じます。ストレスのサインを見つけたら、環境を見直しましょう。

ふだんとちがう行動をとる

ふだんはトイレで排せつしているのに、新入り猫を迎えてから別のところで排せつするようになったという場合は、ストレスを感じているのかも。1匹で落ち着けるスペースを用意するなど、ストレス対策をしましょう。

風邪や膀胱炎にかかる

強いストレスを感じ続けていると、それが病気につながることもあります。新入り猫が先住猫のトイレを使ってしまうと、先住猫は排せつができなくなり、膀胱炎になってしまうケースがあります。

病気のキャリアに注意

保護猫の場合、猫免疫不全ウイルス感染症（猫エイズ）や猫白血病ウイルス感染症のキャリアをもっていることがあります。「キャリア」というのは、病気に感染しているけれど発症していない状態のこと。ウイルスをもっているので、健康な猫にキャリアをもつ猫の血液やだ液などからウイルスが侵入することで感染するおそれがあります。キャリアをもつ猫と同居を考える場合は、感染対策がしっかりできるのかよく考えましょう。

先住も新入りも子猫なら、よき遊び相手。子猫のころからいっしょにいれば、仲よくなる可能性は高いです。

多頭でも暮らしやすい部屋

暮らしやすい部屋の基本は42ページへ

猫の数が増えても以下のルールを守れば、猫が暮らしやすい環境をつくることができます。猫たちの様子を見ながら、環境を整えていきましょう。

1 1匹で落ち着けるスペースを用意する

猫が1匹になって落ち着くことができる専用の居場所を、猫それぞれに用意しましょう。いざというときに逃げ込めることができれば、ストレスを軽減できるはずです。

2 トイレは猫の数＋1

ほかの猫と同じトイレを使いたくない猫もいます。トイレが使えないと、排せつをがまんしたり別のところで粗相をしたりしてしまうことも。ストレスなく排せつできるように、頭数＋1用意するのがおすすめです。

3 食器は猫の数だけ用意する

同じ食器を共有すると、病気にかかった場合に感染してしまうおそれがあります。猫によって食器の好みがあるので、それぞれに好みの形や深さのものを用意しましょう。

食事した量を把握して！

2匹以上いると、ほかの猫の食器からごはんを食べてしまうことがあります。そうすると、だれがどのくらい食べたのかがわからなくなり、体調不良のサインを見逃してしまうことも。同じように、トイレも共用しているとだれが下痢をしたのかがわからなくなります。猫の健康を守るためにも、それぞれ専用の食器やトイレを用意するようにしましょう。

2匹目を迎えるときの心得

1 いきなり対面させない

新入り猫はしばらく別に生活

慣れてきたらまずは
ケージ越しにご対面

新たに猫が仲間入りすることは、先住猫にとっては大きなストレス。いきなり対面させず、先住猫が新入り猫のにおいや音に慣れるまでしばらくは、新入り猫は別の部屋で飼うか、ワンルームならケージの中で生活させます。

新入り猫をケージに入れた状態で、先住猫と会わせます。お互いはじめは興奮状態になるかもしれません。興奮が落ち着いたところではじめて、新入り猫を外に出します。お互いに「別にいやなことはないな」と思わせることが大切です。

2 先住猫を優先する

新入り猫ばかりかわいがってしまいがちですが、それはNG。食事や抱っこなど、いろいろな面で先住猫を優先しましょう。急激な環境の変化で先住猫がナーバスになり、飼い主さんがなにげなく新入り猫を抱っこするだけでもストレスになるかもしれません。

3 逃げ場所を用意する

お互いの距離を保てるよう、それぞれの猫に避難場所を用意します。先住が成猫で新入りが子猫なら、登れない高い場所などが◎。

にゃるほどコラム

保護猫をおむかえしよう

どこから猫を迎えようか考えているなら、保護猫をおむかえしませんか？
さまざまな理由で保護された猫たちが穏やかに暮らせる環境を求めています。

保護猫の現状を知っておこう

自治体や保護団体・保護主による殺処分を減らす努力によって、保護猫をおむかえする選択肢が普及しました。環境省によると、平成30年度の殺処分数が30,757匹に対し、令和4年度は9,472匹と減少していることがわかります。年々減ってはいるものの、まだ30,401匹もの猫が保護されているのも事実です。飼い主さんのいない猫を減らすためにも、保護猫のおむかえも考えてみてください。

地域猫活動ってなに？

地域猫とは、地域の住民が協力して屋外で飼育管理している猫のことです。すべてののら猫を保護施設で引き取って、お世話をすることはできません。地域住民が協力しながら避妊・去勢手術を行ったり排せつ物の処理をしたりして飼育管理することで、飼い主のいない猫によるトラブルを防ぐ取り組みです。

保護猫はどこから迎える？

保護施設

保護団体・保護主によっては、運営する施設を見学することができます。保護した方に直接話を聞けるので安心です。予約が必要な施設もあるので、事前に確認を。

譲渡会

保護団体などが設けた会場で保護猫と対面できる場。複数の保護主が参加する譲渡会では、生活環境の異なる保護猫と出会うことができるので、自分に合う猫を見つけやすいでしょう。

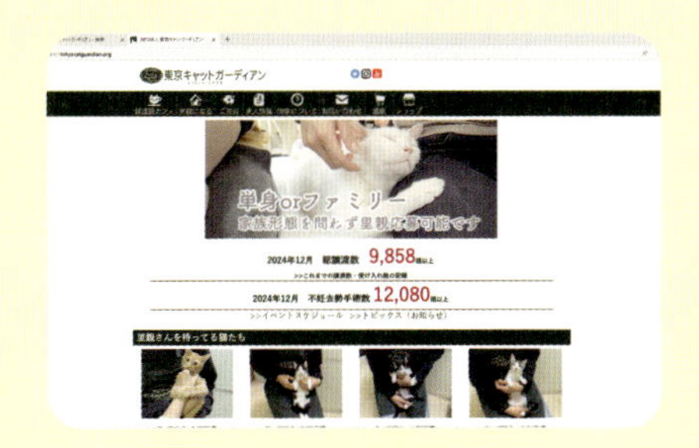

保護猫カフェ

保護団体が運営する猫カフェです。一般的な猫カフェと同じように至近距離で様子を見られ、ふれ合うこともできるので、好みの猫を見つけられるかもしれません。

インターネット

保護団体や保護主などが保護猫の情報をサイトに掲載して、インターネット上で里親を募集しています。サイトによっては、色や柄、性別などを細かく設定して検索できるものもあります。

保護猫のおむかえってお金はかかるの？

保護猫を迎えるには、譲渡費用がかかります。猫によって金額は異なりますが、動物病院での検査やワクチン接種、避妊・去勢手術にかかった費用などが含まれます。

おむかえするまでの流れ

保護猫を迎えるには、さまざまな条件をクリアしなければなりません。
里親が責任をもって猫と暮らせるか、猫が安心して暮らせるかを判断するために
大切な過程です。ここでは、インターネットから応募したケースで紹介します。

インターネットから応募

応募した人の調査

メールや面談などで飼育環境を調査します。飼育環境や勤務時間、家族構成などあらゆる面から猫が飼育できるかどうか確認します。身分証などの書類提出を求められることもあるので、用意しておきましょう。

譲渡会・事前講習会

譲渡会で実際に保護猫と対面して保護主と話す、事前講習会で飼育のしかたについて学ぶなどして、譲渡に向けて条件をすり合わせていきます。

マッチング

譲渡が可能かどうか見極める最終審査です。飼育環境が整っているかの確認もあるので、飼育グッズの用意や脱走対策などを万全にして、すぐに迎えられる状態にしておきましょう。

トライアル

最終審査を通ったら、1～2週間ほどいっしょに暮らすお試し期間があることも。トライアルを経て、猫にも応募者にも同居に問題がないかを確認します。

譲渡

最終審査、もしくはトライアルで問題がなければ、譲渡契約を結んで正式に里親となります。譲渡後は責任をもって飼育しましょう。

Part 2

基本的なお世話のしかた

猫の食事やしつけにはルールやコツがあります。
大切なことは、猫の習性をよく知ること。
お互いに快適に暮らせるように、
基本的なお世話のしかたを覚えましょう。

猫が快適な部屋作りをしよう

猫にとって、部屋の中は唯一のなわばりであり、一日中過ごす場所。猫がストレスなく過ごせる快適な空間にしてあげましょう。

運動ができる環境と落ち着ける場所を

猫はもともと高い場所へジャンプしたり木登りするなど、縦軸の動き（上下運動）をする動物。そのため、広さはそれほど必要ありませんが、高い場所へ登ることのできる環境を作る必要があります。キャットタワーを設置したり、壁にキャットウオークをつけるとよいでしょう。部屋にあるタンスなどの家具を徐々に段差をつけるように配置し、高い場所まで登れるようにするのもよい方法です。人が届かない高い場所に自分だけのスペースがあることで、猫は精神的にリラックスすることもできます。そのほか、猫がいつも適温で過ごせるように室温調整したり、トイレは猫の食事場所と離れたところに置くのも忘れずに。

なにげないものが猫には危険なことも！

電気コードをかじって感電する、観葉植物を口にして中毒を起こすなど、人にはなにげないものでも猫にとっては危険なものもあります。電気コードは隠すなどし、部屋の中での事故を防ぎましょう。猫が飲み込んでしまいそうな小さいものを片づけることも大切です。

猫に危険な植物は52ページへ

壊されて困るものは最初から置かない

大事なものをかじられたり、落とされて壊されたりしたとしても、猫には責任はありません。飼い主さんにとって壊されて困るものは、はじめから置かないようにしましょう。

猫が暮らしやすい部屋

1 エアコンなどで室温調整する

猫は暑すぎるのも寒すぎるのも苦手。エアコンなどで適温を保つようにしましょう。留守にするときや飼い主さんの就寝中も、室温に配慮して。

季節ごとのお世話は60ページへ

2 上下運動ができる場所を作る

猫は高いところに登るのが大好き。壁にステップをつける、家具を階段状に並べるなど高いところに登れるような工夫を。キャットタワーを置くのもおすすめ。上下運動できないと運動不足につながるので注意して。

3 トイレは清潔にする

トイレを清潔にするのは基本条件。静かで安心して排せつできる場所に置きましょう。ひとつの部屋に猫のトイレと食器を置く場合は、位置を離します。衛生面での配慮はもちろん、猫は食事する場所では本能的に排せつしないので、そのトイレを使わなくなる可能性があります。また、トイレや食器の位置をころころ変えると猫がとまどうので注意。

トイレについては54ページへ

4 その猫だけのスペースを用意する

ベッドやケージなど、その猫だけのスペースを作りましょう。落ち着かないときの避難場所にもなります。高い場所にも作ると◎。多頭飼いの場合も1匹ずつに専用スペースを確保しましょう。

毎日の食事の選び方とあげ方

お世話のしかたでまず覚えたいのは、
毎日の食事のこと。フード選びも与える量も
「なんとなく」で済まさないようにしましょう。

猫に必要な栄養バランスを知ろう

人と猫では必要な栄養素のバランスが違います。右のグラフの通り、人の主なエネルギー源が炭水化物なのに対し、肉食動物の猫に大切なのはたんぱく質。それも良質な動物性のたんぱく質でなければいけません。また、たんぱく質を構成するアミノ酸の中で、体内で生成されず、食物から摂る必要がある「必須アミノ酸」は、人間が9種類なのに対し、猫は11種類。なかでもタウリンはとても重要で、不足すると視覚や心臓機能に異常をきたします。そのため、猫に合った栄養バランスがとれた食事を用意する必要があるのです。また、人間の食べ物の中には猫が食べると命に関わるものもあり、とても危険です。

危険な食べ物は50ページへ

必要な栄養素の割合（三大栄養素）

人の場合

脂肪 14%
たんぱく質 18%
糖質（炭水化物） 68%

猫の場合

脂肪 20%
たんぱく質 35%
糖質（炭水化物） 45%

人の約2倍の割合のたんぱく質が必要！

猫は人の約2倍もたんぱく質が必要。一方、炭水化物はあまり必要としません。猫には猫に合った栄養バランスの食事を与える必要があります。

毎日の食事には キャットフードを

猫に必要な栄養バランスを満たしているのは、キャットフードのなかでも「総合栄養食」と呼ばれるもの。キャットフードには、ほかに「一般食」や「副食」というものもありますが、これらは猫の嗜好を考えて作られたもので、いわばおやつ。毎日与える食事としてはふさわしくありません。毎日の食事は、「総合栄養食」と新鮮な水を基本にしましょう。

手作りごはんは 栄養バランスに要注意

肉や魚などの食材を使って食事を手作りすることもできますが、栄養のバランスや使ってよい食材などの知識が十分でないと危険。安易に与えるのはやめましょう。

愛猫にぴったりのものを 見つけよう

キャットフード(総合栄養食)は、さまざまな種類が市販されています。まずは、猫の年齢に合ったものを選びましょう。「子猫用」「成猫用」「高齢猫用」などと表記されています。年齢に合ったものでないと栄養過多や栄養不足を引き起こす危険があります。さらに、「歯石ケア」「毛玉対策」など、プラスアルファの効果をうたったものも。飼い主さんが情報収集して、納得のいくフード選びをすることが大切です。

ドライフード

水分量が10%以下。歯垢がつきにくい。開封後は約1か月保存可。

ウェットフード

水分量が約75%。食事で水分が摂れる。開封後の長期保存は不可。

キャットフードの選び方

猫に合ったフードか

年齢や状況に応じたフードが◎。切り替えの年齢は下の表を目安に。避妊・去勢手術後は専用のフードに切り替えを。

年齢	フード
1歳未満	子猫用
1～7歳	成猫用
7歳以上	高齢猫用

「総合栄養食」の表示はあるか

主食として与えるものは「総合栄養食」と記されているものでないとNG。「一般食」「副食」などの表示のものだけを与えていると、栄養バランスが崩れてしまい、猫の健康を害することに。

賞味期限内の新しいものか

うっかり賞味期限の過ぎているものや近いものを購入してしまわないよう注意。開封するとフードの劣化は進むので、開封後は早めに消費できるよう、ドライフードでも小分けされたタイプがおすすめ。

1日に必要な
カロリー量に注意しよう

健康のためにはカロリーを守ることも大切。特に、食事を与えすぎている飼い主さんが多いので注意しましょう。与えすぎは肥満のもと。肥満は糖尿病などあらゆる病気を引き起こします。猫に必要なカロリー量は、その猫の年齢や体重、運動量によって違います。下の表で、1日に必要なカロリー量を調べて、その猫に合った量を与えましょう。ただし、多少の個体差はあるので、食事した量と体重の変動などを記録したうえ、獣医さんと1日の食事量を相談して決めるとベスト。さらに、猫の成長に合わせてカロリーの見直しも必要です。

フードは目分量ではなく、きちんと計量を！

目分量でフードを与えるのはNG。必ずキッチンスケールなどで計量したものを与えます。そのつど計量するのが大変な場合は、1週間分などをまとめて量っておいてもよいでしょう。

1日に必要なカロリー量の目(kcal)

体重（kg）	10週齢（生後約2か月半）	20週齢（生後約5か月）	30週齢（生後約7か月半）	40週齢（生後約10か月）	50週齢（約1歳）以上	
					活発でない猫	活発な猫
0.8	200					
0.9	225					
1.0	250					
1.1	275					
1.2	300					
1.3	325	169				
1.4	350	182				
1.5	375	195				
1.6	400	208				
1.7	425	221				
1.8	450	234				
1.9	475	247	190			
2.0	500	260	200			
2.2		286	220			
2.4		312	240			
2.6		338	260	208	182	208
2.8		364	280	224	196	224
3.0		390	300	240	210	240
3.5		455	350	280	245	280
4.0		520	400	320	280	320
4.5		585	450	360	315	360
5.0		650	500	400	350	400

タテ軸が猫の体重、ヨコ軸が年齢。交わるところの数値が必要なカロリーです。

食事の回数と時間を決めよう

食事は、1日2〜3回に分けたほうがよいでしょう。また、与える時間があまりにバラバラだと、猫も「今日はいったいいつ食べられるのか」と思ってしまいます。朝8時に1回、夜7時に1回というふうに、ある程度決めてあげたほうが猫も安心します。ドライフードなら、1日分の量すべてを1回で出す方法もあります。これは食べたいときにちょっとずつ食べる猫なら問題はありませんが、一気に食べてしまう猫の場合、一度に大量に食べることになり、胃腸に負担をかけてしまうので注意しましょう。

フードを食べないときは病院へ行くと安心

猫がフードを食べない理由は、いくつかあります。ひとつは、食べたくない気分のとき。体調を整えるために、おのずと食事量を減らしている場合があります。もうひとつは、今の気分じゃない味のフードだったとき。いろいろな味を知っていると、「今はこの味じゃなくて、あっちの味を食べたいんだよな〜」と主張するために、食べなくなることがあります。もっとも注意したいのが、病気やケガで食欲が落ちているとき。いつも食べているフードを一口も食べないときは、症状が進んでいるのかもしれません。
いずれの場合でもフードを食べないときは飼い主さんが自己判断せず、かかりつけの病院で診察してもらいましょう。

POINT

保存期間をチェックしよう

ウェットフード

容器を開封しなければ長期間保存できますが、一度開封したものは傷みやすいので、皿に出しっぱなしは厳禁。特に夏場は注意しましょう。開封したものはラップして冷蔵庫で保管し、その日のうちに使い切るのが原則。皿に出しても猫がすぐに食べなければ冷蔵庫へ。

ドライフード

しっかり封をして冷暗所に常温で保管すれば、開封後1か月くらいは保存できます。皿に開けると劣化が早くなるので、ひと晩おいたものは捨て、新しいものを与えましょう。捨てずに新しいものをつぎ足していくと、下のほうに古いフードが残ってしまいます。

年齢によってフードを変えよう！

猫の成長段階は、大きく「子猫期」「成猫期」「老猫期」の3つに分けられます。段階によって必要なカロリー量が変わるため、猫の成長段階を把握し、フードを変える必要があります。間違ったものを与えていると、肥満や栄養不足になる危険があります。

成長

子猫期

誕生から1歳まで急スピードで成長

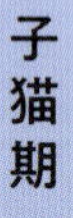

誕生から1歳までは「子猫期」と呼ばれる時期。日々めざましく成長していきます。食の好みも子猫の時期に決まるので、ちゃんとキャットフードの味に慣れさせることが、その後の猫の健康を守ることにつながります。

ごはん

ミルクから離乳食、キャットフードへ移行

ひと口に"子猫"といっても週齢や月齢によって食事内容はさまざま。はじめはミルクのみ→離乳食→子猫用キャットフードというように、短いスパンで食事が移行していきます。

赤ちゃん猫の食事は67ページへ

成猫期

1歳になったらおとな！体力が充実した時期

生まれてわずか1年でおとなの体になります。1〜7歳くらいまでは、もっとも体力が充実した「成猫期」。精神的にも成熟し、妊娠・出産に適した時期でもあります。去勢・避妊手術を受けた猫は太りやすいのでカロリーに気をつけましょう。

避妊・去勢をしたら専用のフードを

生後7か月ごろに避妊・去勢手術をしたあとは、食欲が増したり運動量が減ったりして太りやすくなります。カロリーが低い避妊・去勢後専用のフードを与えて、体重をコントロールしましょう。

老猫期

7歳を過ぎると老化が表れはじめる

老化の兆候が表れる時期は猫によって違いますが、7歳くらいからは「老猫期」と呼ばれ、徐々に不調が表れはじめる猫も。最近は猫の寿命も延びていて、20年以上生きる猫もいます。お世話に気を遣って、健康的に過ごしてもらいましょう。

カロリーを抑えた高齢猫用フードに

老猫になると運動量が減るので、若いときと同じ食事量では栄養過多に。カロリー控えめな高齢猫用のフードに切り替えます。高齢猫用フードは肥満予防のために脂肪分が抑えられていたり、老化防止効果のあるビタミンが配合されているなどの工夫がされています。

老猫のお世話は162ページへ

水分も重要！毎日の飲水量もチェック

猫の健康のためには、フードだけではなく水も大切。いつでも新鮮な水が飲めるように用意しておきましょう。猫の祖先はもともと砂漠にいた動物のため、あまり水を多く飲みませんが、なるべく多く飲ませたほうが尿石症などの病気の予防になります。1日に必要な水分量の目安は下記の通り。ただし、フードにも水分は含まれているので、きっちりこの量の水を飲んでいなくても、それほど心配することはありません。

1日に必要な水分量の目安

50～70mℓ × 体重（kg）

例えば体重4kgの猫なら、1日に200～280mℓの水分を摂っているのが理想です。

水の飲み方は猫の好みに合わせて

猫の水の好みはさまざまで、お風呂場の水や洗面所の水を飲みたがる猫も。特に蛇口などから流れる水を好む猫は多いよう。不衛生な水でなければ、好きなように飲ませてあげましょう。循環式の自動給水器もおすすめ。つねに水が循環して流れているので猫の興味を引き、飲水量を増やすことにつながります。

ミネラルウオーターはあげないで！

ミネラルウオーターは体によいイメージがありますが、猫には適しません。かえって尿石症などの病気の原因になってしまうので、与えないでください。

水をたくさん飲ませる方法

いろいろな場所に水を置く

猫がどこにいても水が飲めるように、1か所ではなく、部屋のあちこちに置くと◎。水を飲むために移動するのが面倒だった猫も、そばにあれば飲む回数が増えます。

水に好みの味を混ぜる

猫が好むなら猫用ミルクを水に少し混ぜてみましょう。ただし、ミルクはカロリーが高いので、1日に与えるフードのカロリーからミルクの分を引いておきます。

竹炭でカルキ臭を消す

猫は水のカルキ臭が苦手。水の中に竹炭や木炭を入れて少しおいておくと、カルキ臭が消えて飲みやすくなります。一度沸騰させて冷ました水でも◎。

フードにあんをかける

フードに水分を加えるのも手。猫が好むようなら、ササミで取っただし汁に少量の片栗粉でとろみをつけたあんをフードにかけて。

猫に危険な食べ物と植物

猫にとって、危険な食べ物と植物は実にたくさんあります。愛猫の命に関わる場合もあるので、飼い主さんがきちんと知って、与えないようにしましょう。

中毒や病気の原因になる食べ物がある！

食品の中には、猫の代謝に負担をかけたり中毒を起こしたりと、人には無害でも猫には有害なものがたくさんあります。特に、右ページで紹介しているものは、重大な症状を引き起こす可能性があるので、気をつけてください。

ほかに、観葉植物にも注意が必要です。一説によると、猫が中毒を起こす植物は700種以上あるといわれており、ひと口食べただけで死に至る植物もあります。観葉植物や花は、猫が届かない場所に置くなどの配慮をしましょう。特に好奇心旺盛で何にでもじゃれようとする猫の場合は、植物を生活スペースに置かないようにしましょう。

POINT

ゴミ箱をあさる猫には

ゴミ箱に捨てた危険なものを食べてしまわないよう、ふたつきのゴミ箱に替えましょう。焼き鳥の串や肉汁のついたラップなど、食べ物のにおいがついたものを誤って食べる危険もあるので気をつけて。

猫草を与えるのもひとつの対策

毛玉を吐くために、猫が植物を食べたがる場合があります。その場合は、部屋に猫草を置いてあげるとよいでしょう。猫草は、猫が食べても大丈夫なイネ科の植物です。

猫に危険な食べ物

人の食べ物の中には猫の健康に悪影響を与えるものがいっぱい。ここにあげたものがすべてではないので、基本的に人の食べ物は猫に与えないようにしましょう。

●ネギ類

溶血性貧血を生じ、嘔吐、下痢、発熱などの症状が出るので与えないで。ひどいときには死に至ることもあります。

●チョコレート

テオブロミンという成分で嘔吐、下痢、発熱、けいれんなどを起こし、重症になると死に至ることも。ココアも同様です。

●生の青魚

食中毒の原因になる細菌や寄生虫がついていることが多いです。ヒスチジンというアミノ酸が分解されて、ヒスタミンになると中毒を起こします。

●イカ・タコ・カニ・エビ

汚染物質などが消化器官に蓄積されて、毒素をもっていることがあります。ビタミンB1を分解する酵素で、後ろ足が麻痺することも。

●生の肉

細菌や寄生虫、ウイルスなどに感染する危険性が高く、食中毒になるおそれがあります。

●マカデミアナッツ・ピーナッツ

ペニトリウムAという成分が神経症状や下痢などを起こします。重症になると、死に至る可能性があります。

●アボカド

アボカドに入っているペルセイトールが嘔吐や下痢を引き起こします。重症になると、呼吸困難になることも。

●ぎんなん

メトキシピリドキシンという成分によって、嘔吐やけいれんを引き起こします。

●ブドウ

ブドウやレーズンは、有毒性が報告されていて、腎臓に障害を及ぼすことが考えられます。特にブドウの皮はNG。

●カフェインの入ったもの

コーヒーやお茶などに含まれているカフェインが中毒の原因に。呼吸困難やけいれんを引き起こす可能性があります。

●貝類

貝類が食べる海草に含まれる成分は日光にあたると毒性をもつため、猫が貝類を食べて日光を浴びると皮膚炎を起こす危険があります。

●アルコール類

アルコール類は、吸収が早く、摂取後30〜60分で嘔吐、下痢、ふるえなどの症状が現れ、死に至ることも。なめる程度でも危険。

●卵白

長期間、大量に摂取すると、ビオチン欠乏になる可能性があります。ビオチンが欠乏すると、皮膚炎や脱毛などの症状が現れることも。

猫に危険な植物

猫が食べたら危険な植物はたくさんあります。
家にこれらの植物がある場合は、必ず猫が届かないところに置くようにしましょう。

ユリ

猫にとって特に危険な植物がユリ。呼吸困難、全身麻痺などの症状が現れ、死に至ることも。花粉やユリをさした水をなめるだけでも×。

アロエ

アロエもユリ科の植物。汁に含まれた成分が危険で、猫の体温を低くしたり、下痢を引き起こしたりします。十分に注意してください。

スズラン

スズランもユリ科の植物。どこを食べても猛毒で、とても危険です。嘔吐や下痢、腹痛を起こし、心不全になる場合も。

チューリップ

チューリップもユリ科の植物。特に球根が危険で、食べると皮膚がかぶれてしまいます。最悪の場合、心臓麻痺も起こすので要注意。

ポトス

葉の部分が毒素を含んでいて、猫にとっては危険。食べると口の中がはれあがり、痛みも出てしまいます。皮膚炎を起こすこともあります。

アサガオ

アサガオは、特に種子に毒素が含まれていて危険な植物。吐き気をもよおし、嘔吐や下痢などを引き起こす原因になるので要注意。

アイビー

葉、茎、種子、どこを食べても危険です。猫が食べると口の中が渇いてよだれが出たり、嘔吐や下痢、腹痛などの症状が現れます。

ポインセチア

ポインセチアの葉や茎を食べると、口の中に激痛が生じ、皮膚がかぶれます。嘔吐や下痢、腹痛などの症状も現れます。

そのほかにも危険な植物

- シクラメン
- ヒヤシンス
- ジャスミン
- ホオズキ
- ショウブ
- スイセン
- ツツジ
- キキョウ
- ジンチョウゲ
- マーガレット
- アンズ
- ウメ　など

異物の誤食にも注意しよう

食べ物や植物以外にも食べてしまう可能性があるのが、日用品です。部屋の至るところにあるので、気にならないかもしれませんが、猫によっては食べてしまうことがあります。猫はひも状のものが好きで、タオルやビニールを細かくちぎって、ひも状にして遊んでいるうちにそのまま食べてしまった事例もあるので注意が必要です。
異物を飲み込んでしまったら、病院では大がかりな診察をしなければなりません。レントゲンや内視鏡での確認や、場合によっては開腹手術をすることも。一度異物を飲み込んだ猫は何度もくり返すため、ゴミ箱にフタをつける、危険なものは猫の手が届かないところに片づけるなどして誤食を防ぎましょう。

誤食してしまう可能性が高いもの

下のものは、猫が遊んでいたり興味を示したりしたときに、誤食しやすいものです。

● タオル

● 毛糸

● ビニール袋

● ティッシュペーパー

● 輪ゴム

● 人間の薬

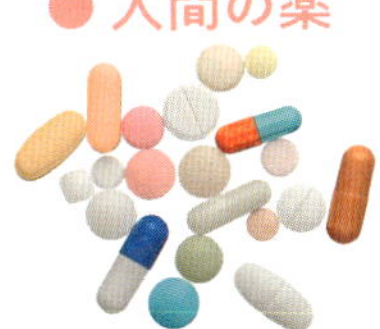

● 画びょう・針

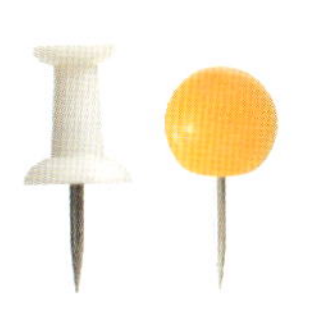

● ひも・糸

誤食したときはすぐに病院へ

半日で5〜10回も吐くことがあれば、異物を飲み込んだ可能性があります。様子がおかしかったら、すぐに病院へ行きましょう。ひも状のものを飲み込んだ場合、運がよければウンチといっしょに出てきますが、素人判断で引っ張ってしまうと、腸が切れてしまうこともあるので注意。

誤食の対応は157ページへ

トイレのしつけをしよう

猫はトイレに対してこだわりをもっているので、
気に入らなければそのトイレを使いません。
猫が安心して使える快適な環境を用意しましょう。

猫はトイレにこだわる動物！

猫はトイレに強いこだわりがあり、気に入らないトイレは使おうとしません。すると、好みの排せつ場所を求めてあちこちにオシッコやウンチをしたり、猫によっては排せつ自体を我慢して、膀胱炎などの病気になってしまうことも。そうならないよう、猫が安心して使えるトイレ環境を用意しましょう。トイレ環境は、「トイレ容器」「トイレ砂」「置き場所」の3つがポイントです。それぞれ、猫によって好みがあるので、愛猫の好みを探り、安心して使える快適なトイレ環境を作りましょう。また、いつも清潔であることも重要なポイント。こまめに掃除をしましょう。

トイレのしつけははじめが肝心

猫のトイレのしつけはそれほど難しくありません。猫には「砂の上で排せつしたい」という本能があるので、そわそわしたり床のにおいを嗅ぎはじめたりする「トイレをしたいしぐさ」を見かけたら、トイレの中に誘導すればたいていします。一度覚えれば次からも同じ場所でしようとするので、しつけは完了です。もし失敗してトイレ以外の場所でオシッコをしてしまったら、オシッコを拭いた紙をトイレの中に入れるのも効果あり。トイレにその猫のにおいをつければ猫が、「ここは自分のトイレ」と認識し、そこで排せつするようになります。

猫が求めるトイレ環境

1 好みの容器を用意する

トイレ容器にはいろいろな種類があります。どれを選ぶ場合でも、トイレ砂がたっぷり入る深さで猫がまたぎやすい高さのものにしましょう。猫の好みはそれぞれなので見極めて。

ノーマルトイレ

スタンダードな形の容器。オシッコを吸収すると固まる砂を敷いて使います。

システムトイレ

上段は固まらない砂が敷いてあり、オシッコは下段のシートやマットで吸収。

2 好みのトイレ砂を入れる

トイレ砂は種類が豊富。猫は砂が気に入らないと、トイレを使ってくれません。違う種類の砂を入れた容器を並べ、猫がよく使ったものを選ぶのもひとつの手。トイレ砂はたっぷりと入れるようにしましょう。深さがある程度ないと踏み心地、かき心地ともに猫の満足は得られません。

トイレ砂の種類は56ページへ

3 砂の飛び散り対策をする

猫は砂をかくのが好き。多少の飛び散りは大目に見て、好きなだけ砂をかかせてあげましょう。対策をするのであれば、トイレの出入口にマットを敷いたり、周りをダンボールで囲ったりして防ぎましょう。

4 落ち着けるところに置く

一般的に猫は排せつを見られるのを嫌うので、人通りが少なく静かで落ち着ける場所に置きましょう。トイレに囲いをつけたりケージに入れたりして、個室化するのも◎。また、トイレを置いた部屋のドアにキャットドアをつけるなど、猫が自由に出入りできるよう工夫を。また、トイレを置く場所は食事する場所と離すようにします。

トイレを置く場所については56ページへ

5 猫の数＋1が理想的な数

トイレは、できれば猫の数プラス1個あると理想的です。猫はきれい好きのため、万が一1個が汚れていてももう1個を使用できます。

6 毎回掃除する

トイレのたびに排せつ物を片づけるのが理想的です。砂は週に一度すべて取り換えます。トイレ容器の洗浄は月に1回を目安に行うようにしましょう。

トイレの砂は猫の好みを優先して

トイレ砂には多くの種類があります。粒の大きさなど猫によって好き嫌いがあるので、愛猫が気に入るものを探してみましょう。素材別の長所と短所を下記にまとめたので参考にしてください。また、ノーマルタイプのトイレ容器には「オシッコを吸収して固まる砂」、システムトイレには「固まらない砂」を使います。固まる砂はオシッコの回数のチェックがしやすく、固まらない砂は量が減りにくいという利点があります。

トイレ砂の比較

鉱物系

脱臭力に優れていて、よく固まる。自然の砂に近いので猫が喜んでかくが、不燃ゴミとして捨てるものが多く処理が不便。

紙系

軽いので購入時の運搬が楽。可燃ゴミで捨てられる。トイレに流せるものも。ただし、軽くて部屋に散らかりやすい。

材木系

脱臭・消臭効果が高い。可燃ゴミに出せる。長く使用していると粉状になって散らかり、凝固力も落ちる。

おから系

よく固まるのでかんたんに取り除ける。トイレに流せるものが多い。人や猫によってはおから独特のにおいが気になる。

シリカゲル系

脱臭力は非常に優れ、オシッコを強力に吸収し、ウンチを乾燥させる。固まらないもの、不燃ゴミにしか出せないものが多い。

トイレは猫が落ち着ける場所に置く

排せつ行為は猫にとって無防備な状態なので、騒がしい場所や落ち着かない場所にトイレを置いても使いません。結果、トイレの失敗につながります。トイレの置き場所には、人通りが少なく、落ち着いた場所を選びましょう。脱走の危険がある場所もNGです。

トイレの置き場所

◎ 洗面所

掃除がしやすく通気性がよいので適している。ただし、洗濯機を置いている場合は音がうるさく落ち着かないことも。

○ 人のトイレ・寝室

使っていない時間も多いので静かで落ち着いて排せつができる。ただし猫が自由に出入りできるように工夫が必要。

△ キッチン・リビング

人の出入りが多いので、猫が落ち着けるようトイレを囲ったりするとよい。キッチンは衛生面とガスコンロなどに注意。

✕ 玄関・ベランダ

猫が脱走してしまうおそれがある。玄関は人の出入りが多く落ち着かない。ベランダは落下事故や近隣の方とのトラブルも。

トイレの失敗は叱らないで！

猫がトイレ以外の場所でオシッコやウンチをしてしまうのは、決してイタズラやいやがらせではありません。トイレが汚い、体調が悪い、何らかの理由でトイレが怖いといったことが原因かもしれません。獣医さんに相談しながら原因を見極め、原因に応じた対処をしましょう。猫がそそうをしたとき、叱っても効果はありません。それどころか、猫は排せつ自体がいけないのかと思い込み、飼い主さんから隠れて排せつするようになることもあります。デリケートな猫なら排せつ自体を我慢してしまい、病気になってしまうことも。このような事態をまねかないためにも、決して叱らないことが大切です。

"スプレー"って何？

マーキングでオシッコをかける行為

猫が普通に立った姿勢で、後ろにある壁などにオシッコを吹きつけること。自分のにおいをつけてなわばりを主張するマーキング行為で、発情中に多いですが、不安やストレスがあるときにもします。

トイレの状態から猫の健康をチェック

猫の健康チェックには、排せつ物の観察が欠かせません。異変に気づくためには、ふだんの排せつ物の状態を把握しておく必要があります。掃除のときに、愛猫の排せつ物の量や状態をチェックしましょう。

トイレのそそうの原因

1 トイレ環境の問題

トイレが汚れている、容器や砂が猫にとって使いづらい、置いている場所が悪いなど、トイレ環境に問題があります。

2 心因的な問題

トイレ中に雷が鳴るなどの怖い思いをした、飼い主さんの長期不在など、猫がストレスや不安を感じています。多頭飼いでトイレが共用の場合、弱い立場の猫がトイレの使用を我慢することも。

3 病気の可能性

特に尿石症などの病気になると排せつ時に痛みがあるため、排尿をコントロールできなくなります。

ひとつでもあてはまったら病院へ！

- □ 排せつ物が出ていない、多い、少ない
- □ 排せつ物の色がいつもと違う
- □ ウンチがやわらかい、硬い
- □ 排せつ物に血が混ざっている
- □ トイレに行く回数が多い、少ない
- □ 排せつ中に鳴く、様子がおかしい

爪とぎのしつけをしよう

猫との暮らしでやっかいな問題のひとつが「爪とぎ」。
部屋中でバリバリとがれてしまわないように、
爪とぎのしつけのコツを教えます。

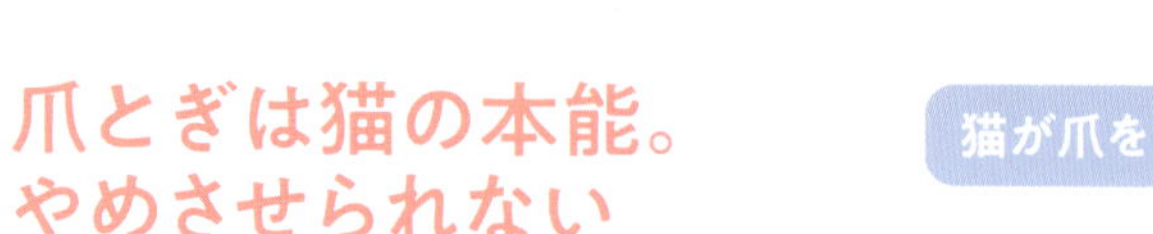

爪とぎは猫の本能。やめさせられない

猫の爪とぎには、爪をとがらせるという目的のほかに、「ここは自分のなわばり」と主張するマーキングの意味や、気持ちを落ち着かせたり、ストレスを発散したりする目的もあり、猫にとっては欠かせない行為。そのため、爪とぎ自体をやめさせることはできません。ただし、爪とぎ器で爪とぎさせるようにすれば、家具や壁の被害を防げるかもしれません。

猫が爪をとぐ理由

爪のお手入れ

猫の爪は薄い層が何枚も重なっている構造になっていて、猫は自分で爪をといで表側の古い層をはがします。すると爪は細く鋭くなり、獲物を狩るときに爪を立てたり、木登りをするときに役立ちます。

マーキング

前足の肉球の間には臭腺があり、そこから出る分泌物を爪とぎするときに壁などにつけて、なわばりを主張します。体を上に伸ばしてより高い場所に爪とぎをするのは、「自分は大きくて強い」という主張です。

ストレス発散

ストレスを感じたときや、起き抜けのときに景気づけのような目的で爪とぎすることも。

爪とぎ器を使ってもらうには努力も必要

猫に爪とぎ器で爪とぎさせるには、まず猫が気に入る爪とぎ器を見つけることが必要。いろいろな素材や形のものが市販されているので、猫が気に入るものを見つけましょう。また、爪とぎ器を置く場所も大切。いつも爪とぎをしている壁などは、爪とぎをしたい場所ということなので、そこに設置すれば使う確率は高いでしょう。猫がどこでどんな素材の爪とぎ器を使いたいのか、猫との知恵比べだと思っていろいろ試してみましょう。どうしてもだめならあきらめも必要。爪切りを定期的に行えば、爪とぎ行為も多少は減らせるかもしれません。

爪切りのしかたは84ページへ

爪とぎ器の種類

ダンボール製

一番オーソドックスな素材。安価なので買い替えも手軽。

木製

固めのとぎ心地。野生では木で爪とぎしていたので、本能的に好きな猫は多いはず。

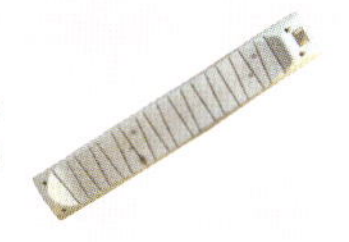

麻製

爪がよくひっかかる素材。板に麻ひもを巻いて手作りもできます。

爪とぎ器を使ってもらうコツ

1 愛猫の好みの爪とぎ器を見つける

1種類だけ与えて使わなかったからといってあきらめてはダメ。いろいろな種類のものを与えて、猫が使ってくれるものを探しましょう。できれば家具や壁とは違う素材のほうが◎。同じ素材だと、爪とぎ器でも家具や壁でもする、ということになってしまうかも。

2 猫が爪をとぎたい場所を見つける

猫が家の中で爪とぎをしている家具や壁があれば、まずはそこに設置しましょう。また、猫は起き抜けに爪とぎをしたいものなので、猫の寝場所の向かいの壁など、起きてすぐ目につく場所に置くのも手。置き方も壁沿いに立てたり床に横にして置いたりいろいろ試して。

3 においをつけて興味を引く

猫の前足を持って爪を出し、優しく爪とぎ器にこすりつけてみるのも手。前足の臭腺のにおいがつき、自分のにおいがついていると使いはじめる猫もいます。ただし、いやがるのを無理にやると逆効果です。ほかに、粉末のマタタビを爪とぎ器に振りかけてみるという手も。

季節に合ったお世話をしよう

それぞれの季節で注意したいポイントがあります。季節ごとに必要な猫の健康管理や生活環境を知って、猫が元気に一年を過ごせるようにケアしましょう。

季節ごとに体と環境のケアを

猫には、季節ごとに適したお世話が必要です。特に気をつけたいのは夏の暑さと冬の寒さ。室温管理をしっかりして、暑すぎず、寒すぎない環境で過ごせるようにしましょう。また、猫は年に数回発情期を迎えます。1～3月、5～6月、10月あたりに迎えますが、栄養状態のよい現代の猫は、さらに頻繁に発情することも。去勢・避妊手術を受けていない猫はもちろん、手術済みの猫も、発情したのら猫と接触するなどのトラブルが起きないように注意が必要です。

POINT

換毛期はこまめにブラッシングを

猫は夏の暑さと冬の寒さに備えて、春と秋の2回、換毛期を迎えます。春先から毛量を少なくしはじめて、真夏を迎えるころにはスッキリし、秋からは保温機能に優れた冬毛が密集してきます。換毛期はふだん以上にブラッシングしてあげましょう。

真夏や真冬は飼い主さんが対策を

猫は自分で快適な温度の場所を探して移動するので、多少の暑さや寒さは平気ですが、真夏や真冬はやはり飼い主さんが対策を立てなければなりません。冬は、猫のベッドに暖かい毛布をプラスしたり、ペット用の電気あんかを用意したりすれば、猫は自分で暖まることができますが、真夏の暑さはエアコンをつけないとどうにもなりません。室内が適温になるように、エアコンの稼働は必須です。また、よちよち歩きの子猫や老猫、持病のある猫は自分で移動するのが難しいので、通年、室温を一定にしてあげましょう。

POINT

「あったか」「ひんやり」空間を作る

夏も冬も、部屋の中に「暖かい場所」と「涼しい場所」の両方を用意しておきましょう。冬でも少し暑くなったら冷たい床で涼むなど、猫が自分で快適な場所を探して行き来します。部屋と部屋を行き来できるようにしておくのも◎。

夏の暑さ対策

猫は暑さも湿度も苦手。1日中快適に過ごせるように、エアコンで室温を下げましょう。ブラッシングをまめにして、抜け毛を取ると暑さを軽減できます。

- 1日中快適に過ごせるように、エアコンを利用する。
- エアコンをつけた部屋とつけない部屋を用意して、猫が行き来できるように。
- クールマットなど、猫が涼めるグッズを用意。

〈猫用アルミ涼感ソフトマット〉／A

冬の寒さ対策

暖かい猫ベッドや湯たんぽ、ペット用電気あんかなど、猫が寒いときに暖まれるグッズを用意しておけば、暖房を常時つけておかなくてもOKです。

- いつもの寝場所に毛布や断熱シートをプラスしてより暖かく。
- 暖房を切るときは、ペット用電気あんかや湯たんぽなどを用意。
- 乾燥しているとウイルスに感染しやすいので、加湿器で湿度を保つ。

季節ごとのお世話カレンダー

春　3月

春の換毛期！ 念入りにブラッシングを

寒さから身を守るふさふさの冬毛が抜けます。猫自身のグルーミングだけでは抜け毛を取りきれません。飼い主さんがまめにブラッシングをしてあげましょう。

ブラッシングのしかたは70ページへ

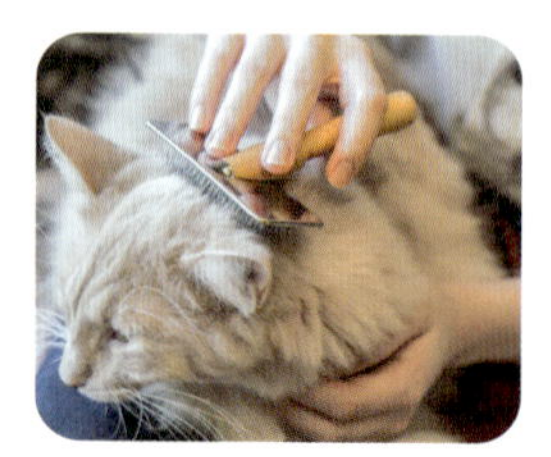

4月

体調が落ち着く時期に健康診断を

気候もよく、体調が落ち着いてくる季節。健康診断やワクチン接種をするのにおすすめの時期です。

健康診断は132ページへ

5月

換気中の脱走に注意して

風が気持ちのいい季節です。開け放した窓から猫が外に出てしまわないよう注意。脱走防止策をしておきましょう。

脱走防止策は128ページへ

秋　9月

秋の換毛期！ こまめなブラッシングを

冬毛に生え換わりはじめる季節。春ほどではありませんが、秋もふだんより抜け毛が多くなります。こまめにブラッシングをしてあげましょう。

10月

"食欲の秋"で肥満にさせない

人と同じで猫も秋は食欲が増します。無制限にフードを与えていると立派な肥満猫に……。正しい食事量を把握して、飼い主さんが猫の体重を管理しましょう。

11月

猫風邪に注意。ワクチン接種を

冬は猫も風邪にかかりやすい時期。猫風邪はワクチンで予防できるので接種しましょう。寒くなってくるので、ストーブで猫がやけどをする事故にも注意。

ワクチン接種は134ページへ

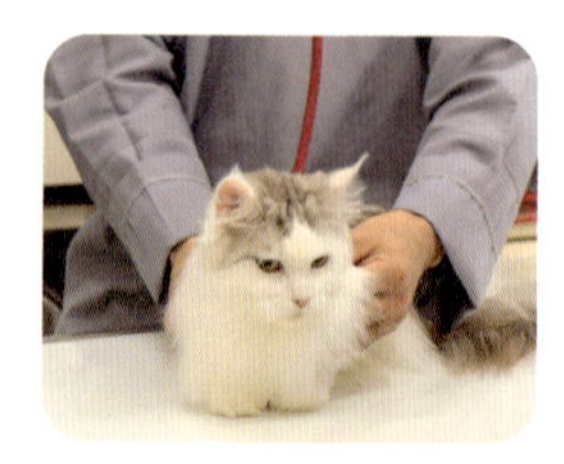

夏

6月

梅雨はフードや水の鮮度に注意

カビが繁殖しやすいので、猫のフードや水の鮮度に注意を。猫が傷んだフードを食べてしまわないように、ふだん以上に気をつけ、つねに新鮮なものを与えましょう。

食事の保存は47ページへ

7月

ノミなどの寄生虫に注意

夏はノミが大発生する季節。1匹見つけたら数百匹います。見つけたら駆除薬や掃除で徹底的に除去して。フィラリアを媒介する蚊も寄せつけないように注意。

ノミ防止策は136ページへ

8月

熱中症や脱水症状に注意

猛暑日は留守の間もエアコンで室温を下げて。エアコンを切った部屋は想像以上に高温になり、猫が熱中症や脱水症状を起こすことも。最悪の場合は命に関わります。クールマットもあるとよいでしょう。

冬

12月

ポインセチアやシクラメンに注意

年末に多く見かけるポインセチアやシクラメンは、実は猫にとって危険な植物。猫のそばには置かないように。

危険な植物は52ページへ

1月

水を飲む量が減りがち。水を飲ませる工夫を

寒さで水飲み場に行く回数が減ると自然と飲水量も減りがち。水分の多いフードを与えるなど、水を多く飲ませる工夫を。

水を飲ませるコツは49ページへ

2月

発情期の季節。困った行動に注意

避妊・去勢手術を受けていないと、年に数回発情期を迎えます。大声で鳴くなど困った行動をします。

避妊・去勢手術についてては138ページへ

猫に留守番をさせたいときは？

やむなく猫を置いて外泊するケースもあります。
留守中も安全に快適に過ごせるように
留守番の準備のしかたや注意点を覚えておきましょう。

2泊以内の留守番なら家で猫だけでも大丈夫

知らない場所にあずけられるよりは、慣れた家の中で過ごしたいというのが猫の本音。お世話の環境を整えれば、2泊以内なら猫だけで留守番させてもあまり問題はありません。ただし、まだ小さい子猫や持病がある猫の場合は別。信頼できる人にお世話をお願いしましょう。帰宅後は猫に変わった様子がないか、食欲などを確認を。

子猫のうちはどんな事故が起きるかわからないので、できれば外泊は控えたほうが◎。

フード、水、トイレ、室温の準備は必須

猫を置いて外泊するときの準備のポイントは、フード、水、トイレ、室温。フードは傷みにくいドライフードを、留守中に食べる量を計算して用意しておきます。水は猫がひっくり返したりしてこぼしても大丈夫なように、数か所に用意しておきましょう。トイレはきれいに掃除しておきます。ふだんより数を多く用意するのがおすすめ。使用を分散させることで、ウンチやオシッコでトイレが汚れていくのを遅くすることができます。部屋の温度にも気をつけます。特に夏場、エアコンをつけない閉め切った部屋では熱中症になってしまうことも。長時間留守にするときはエアコンで温度調整しましょう。

留守番前に準備するもの

キャットフード

傷みにくいドライフードを用意。留守にする間に食べる量を計算して用意しておく。ウェットは×。

水

新鮮な水をたっぷり用意して、数か所に置くようにする。

防寒・防暑

真夏や真冬は要注意。エアコン、ペット用電気あんか、クールマットなどで快適に。

トイレ

留守中汚れていくと、そそうをすることも。出かける前にきれいに掃除しましょう。

留守中の事故に注意！

留守の間に、猫が誤って口にしてはいけないものを食べてしまうことも。誤食などの事故がないように、余計なものは片づけましょう。

誤食については53ページへ

留守番便利グッズ

全自動給餌器

決まった時間に決まった量を出してくれるので便利。一気食い防止にも。
〈ペット用オートフィーダー〉／A

自動給水器

浄化しながら水を循環させるので、いつでも新鮮なおいしい水が飲めます。
〈ペット用自動給水機〉／B

全自動トイレ

排せつ物を自動で収納ボックスへ。留守中の粗相が防げます。
〈ナクラム全自動猫トイレ〉／A

3泊以上の場合は信頼できる人に頼んで

3泊以上の外泊の場合は、だれかにお世話をしてもらったほうが安心。知人やペットシッターなどに家に来てもらうか、動物病院やペットホテルにあずけましょう。猫のストレスが少ないのは、家に来てお世話してもらう方法です。猫の扱いに慣れている知人やペットシッターに頼みましょう。お世話を頼む方には事前に一度家に来てもらい、トイレの掃除方法や給餌方法を見せながら覚えてもらうと安心。お世話の方法を詳しく書いたメモを渡すのもいいでしょう。ペットシッターなら、必ず事前に面接をして、信頼できる人物か確認しましょう。預ける場合は、健康状態が心配な猫なら健康管理がしっかりしている動物病院が安心。ペットホテルを利用する場合は、事前にサービス内容を確認し、あらかじめ下見を。どちらにあずける場合も、ノミ・ダニ予防などを確認すること。

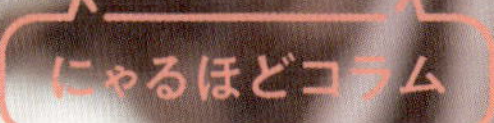

赤ちゃん猫のお世話

本来、母猫がするはずの子猫のお世話。もしも生まれたばかりの子猫を拾ってしまった場合は、人間が代わりに育てなければなりません。子猫のお世話のしかたを紹介します。

体重測定

成長しているか毎日必ずチェック

健康に育っている赤ちゃん猫なら、毎日体重がきちんと増えていきます。体重が順調に増えなかったり、前日よりも減っている場合は病気の可能性があります。子猫の健康状態を把握するためにも、毎日体重を量るようにしましょう。食事の前や排せつ後など、量る時間を決めておけばより正確に把握できます。

POINT

子猫はキッチン用のスケールで体重測定！

体重測定にはキッチン用の量りが便利。子猫を、カゴなどに入れて手早く量りましょう。生まれたばかりの子猫は100ｇ前後。その後は個体差はありますが、１日で10～30ｇずつ体重が増えていきます。

食事

飼い主さんは、お母さんの代わりです。
子猫の成長にあわせて、ミルク~離乳食~子猫用ノードをしっかり与えましょう。

乳児期（生後1～3週齢）　**離乳期**（生後4～8週齢）　**幼猫期**（生後9週齢以降）

ミルク

人肌のミルクをゆっくりと

3週齢くらいまではミルクのみを与えます。4時間おきを目安に、猫用のミルクを人肌に温め、子猫用の哺乳瓶などを使って与えます。

離乳食

やわらかい離乳食を少しずつ

市販の離乳食のほか、子猫用のドライフードをミルクやお湯でふやかしたものでもOK。最初は指やスプーンで口の中に入れて食べさせます。

子猫用フード

子猫用フードを与えはじめる

9週齢からは徐々に子猫用のドライやウェットを食べさせます。ドライの場合、はじめはミルクや離乳食を混ぜて与えてもよいでしょう。

基本的に人間の食べ物は与えないほうが◎

危険な食べ物でなくても、人間の食べ物を長期的に食べると猫が病気になる危険性があります。猫は、生まれて6か月ごろまでに食べたものを「食べ物」と認識します。この時期にキャットフードだけを食べていた猫は、基本的にそれ以外のものを欲しがりません。反対に、この時期に人間の食べ物を与えると、その後も欲しがるように。食べ物による中毒などの事故を起こさないためには、子猫のころに人間の食べ物をあげないことが大切です。

猫の好物であるカツオブシやニボシも、あげすぎは尿石症などの病気のリスクを高めるため、注意したい食品。猫用のものを与えましょう。

排せつ

優しく刺激して促してあげよう

生まれたばかりの子猫は自分で排せつできないため、母猫がおしりをなめて刺激を与え、排せつさせます。人が母猫に代わって行う場合は、ぬるま湯で湿らせたティッシュやガーゼなどで肛門と尿道口を優しくポンポンと刺激します。食事の前後に行いましょう。

のら猫の赤ちゃんはまず病院で健康診断を

のら猫を拾った場合は、まずは動物病院へ連れて行き、健康チェックとノミなどの寄生虫の駆除をしましょう。また、子猫の発育状態や週齢を見てもらうほか、食事などのお世話のアドバイスを受ければ安心。週齢や発育状態によって、食事の内容や量、回数は違ってきます。最初のワクチンは生後2か月を目安に受けますが、母猫から初乳をもらっていない子猫は免疫力がないため、もっと早い時期にワクチンを勧められることもあります。

うちのコはオス？　メス？

オスかメスかを見分けるには、おしりを見ればわかります。

オス

オスは肛門から少し離れて睾丸、ペニスがあります。肛門と生殖器の距離がメスよりも離れています。

メス

肛門と生殖器までの距離がオスより近く、肛門のすぐ下に縦長の膣口があります。尿道は膣口の奥にあります。

Part 3

体の お手入れを しよう

ブラッシングや爪切り、歯みがきなど、
猫の体にはいろいろなお手入れとケアが必要です。
健康と外見の美しさを保つために、
お手入れのコツを紹介します。

ブラッシングはお手入れの基本

「猫は自分で毛づくろいをするから」と思って、
ブラッシングをしないのは間違い！
猫の健康を守るためにも、こまめにブラッシングしましょう。

短毛種は週1回、長毛種は毎日しよう

猫は自分で毛づくろいをして抜け毛を取りますが、品種や時期によっては抜け毛が多くなります。毛づくろいで飲み込む毛の量が多くなると病気になることもあるため、飼い主さんがブラッシングをして抜け毛を取ってあげましょう。ブラッシングの頻度の目安は、短毛種は最低週1回。ただし、春と秋の換毛期は大量に毛が抜けるので、毎日でも行う必要があります。長毛種は、長い毛がもつれて毛玉ができやすいため、ふだんから毎日のブラッシングが欠かせません。換毛期なら、1日数回行うのが理想的です。

ブラッシングには皮膚を刺激して血行をよくする効果も。また、猫が体に触られることに慣れれば、スキンシップをとる癒やしの時間にもなります。

よく毛づくろいする猫でもブラッシングは必要？

毛の飲み込みを減らすために必要です。猫はある程度なら毛の塊を吐くことができますが、吐くことは体力を消耗し、胃腸などの臓器にも負担をかけることになります。

ブラッシングを怠ると毛球症になることも

猫が自分で毛づくろいをして飲み込む毛量が多すぎると、胃の中で大きな毛の塊ができ、吐くことも腸に送ることもできず、胃の出入り口をふさいでしまう「毛球症」になります。

詳しくは144ページへ

短毛種のブラッシング

短毛種は、まずブラシを使わずにできるハンドブラシから始めましょう。
慣れてきたら、ラバーブラシを使う方法もおすすめです。

ハンドブラシ

一番手軽にできる方法で、ぬらした手で猫の体をなでるだけ！
猫にとっても、普通になでられているような感覚で受け入れやすいです。

1 頭や体をなでてリラックスさせる

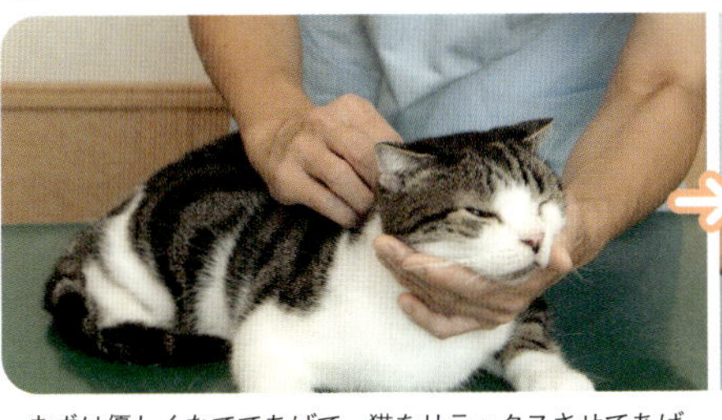

まずは優しくなでてあげて、猫をリラックスさせてあげます。気持ちよさそうな顔をしてきたら、ブラッシングしはじめます。

2 霧吹きで手をぬらす

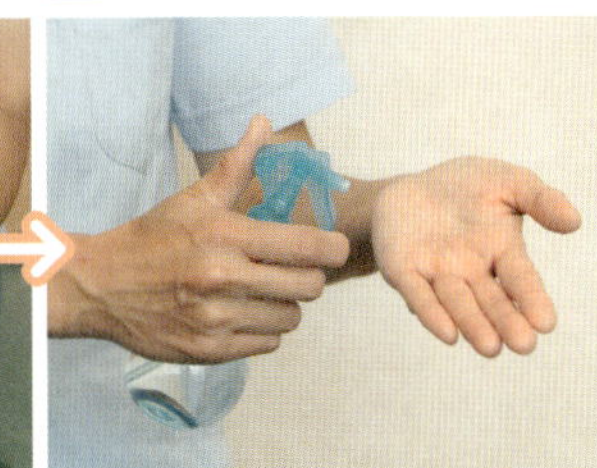

両方の手のひらに水をたっぷりスプレーします。または洗面器などにためた水に手をひたしてもOK。

用意するもの
霧吹き
手ごろなサイズのスプレー容器に水を入れたもの。

3 頭から毛の流れに沿ってなでる

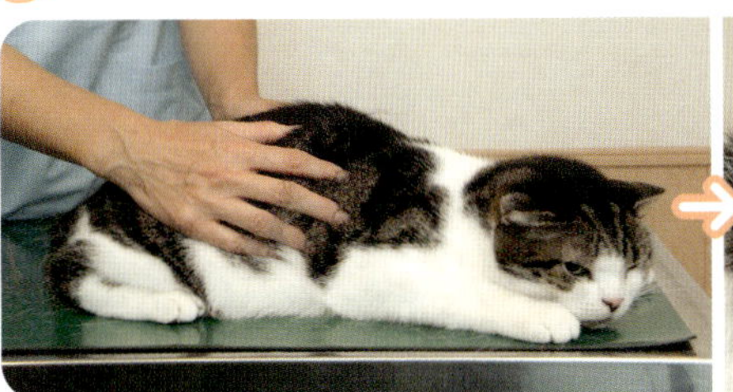

ぬらした手で、頭からおしりのほうに向かってなでます。手に抜け毛がつくので、そのつど水で洗い流すか、両手をこすり合わせて落とします。

4 おしりから逆毛を立てるようになでる

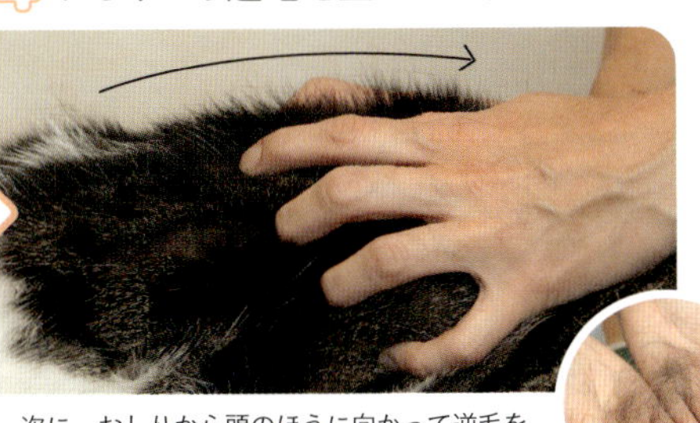

次に、おしりから頭のほうに向かって逆毛を立てるようになでます。最後に3の要領で毛の流れに沿ってなで、毛並みを整えます。

こんなに取れる！

5 しっぽも根元からしっかりなでて

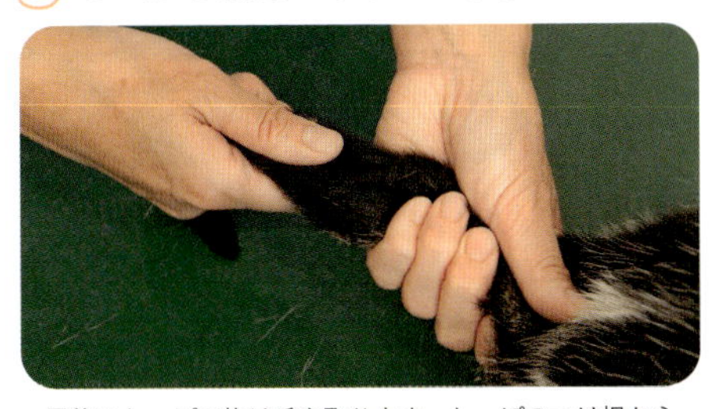

最後にしっぽの抜け毛を取ります。しっぽのつけ根から先に向かって優しくなでます。強く引っぱらないように注意しましょう。

換毛期には1回のブラッシングで、これだけ毛が抜けることもあります。

ラバーブラシ

やわらかなゴム素材でできているラバーブラシは、皮膚を傷めず、抜け毛がしっかり取れる優秀アイテムです。

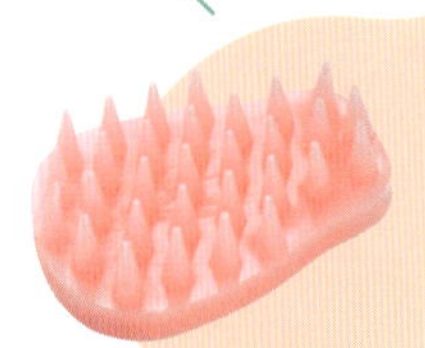

ラバーブラシ

ゴム製のやわらかい足で、毛量が少ない猫でも優しくとかせます。

ブラッシング用スプレー

静電気を防止して、毛にツヤを与えます。〈APCD 猫用 プロフェッショナル グルーミングスプレー フラッフィ 200mℓ〉／C

いやがる猫は慣らしてから

なでられることから慣らしていきましょう。その後、ハンドブラシで数回手を通すことから始めましょう。

気持ちのいいなで方は95ページへ

1 頭や体をなでてリラックスさせる

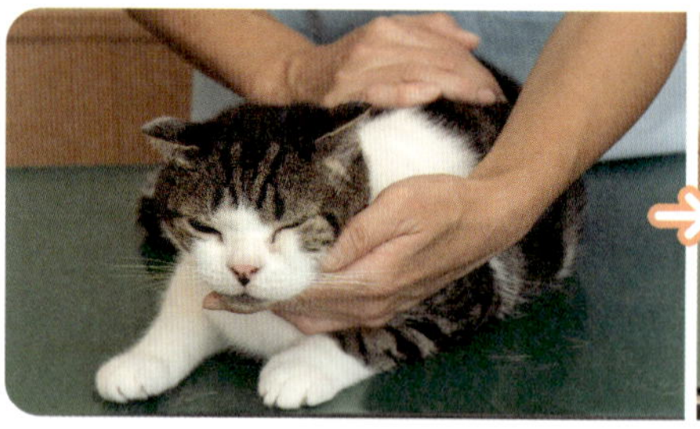

頭や体をなでてリラックスさせます。気持ちよさそうな表情になったらブラッシングを始めます。

2 毛の流れに沿って首からおしりに向かってとかす

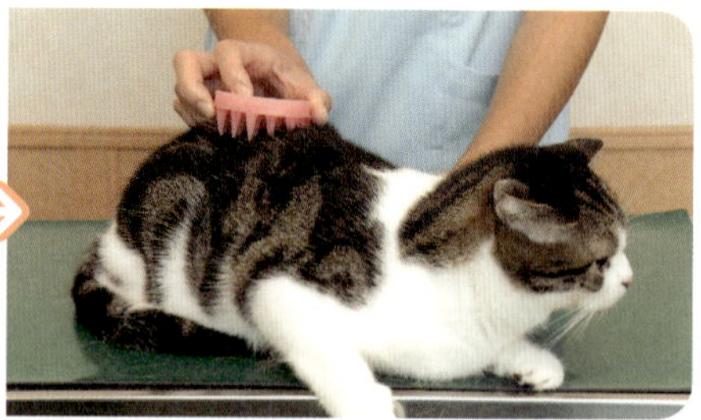

静電気を防止するために猫の体にまんべんなくブラッシング用のスプレーをかけてから、背中を毛の流れに沿ってブラッシングします。力を入れすぎないように注意。

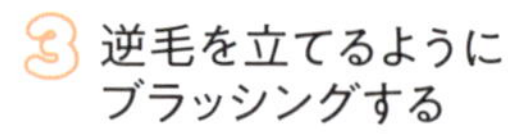

3 逆毛を立てるようにブラッシングする

次に、おしりから頭のほうに向かって、逆毛を立てるようにブラシをかけます。もう一度2の要領で毛の流れに沿ってブラシをかけ、毛並みを整えます。

4 頭や顔まわりをブラッシングする

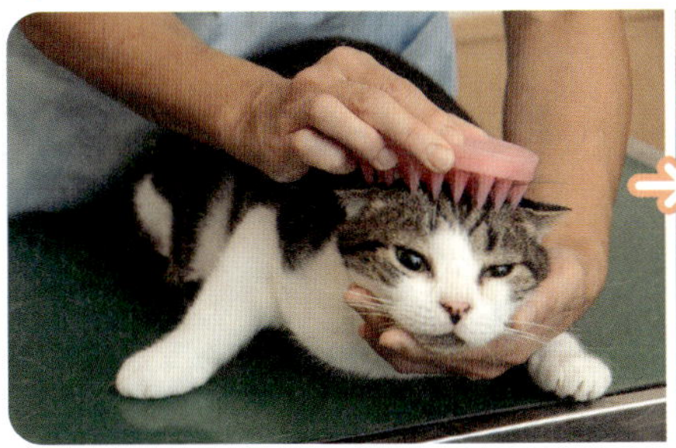

ブラシの先が目に入らないように注意しながら、額やほおをブラッシングします。顔の中央から外側に向かって優しくブラシをかけましょう。顔まわりはデリケートな部分が多いので慎重に。頭をなでられるのが好きな猫は、ブラッシングを顔まわりからスタートしても◎。

5 かかえておなかをブラッシングする

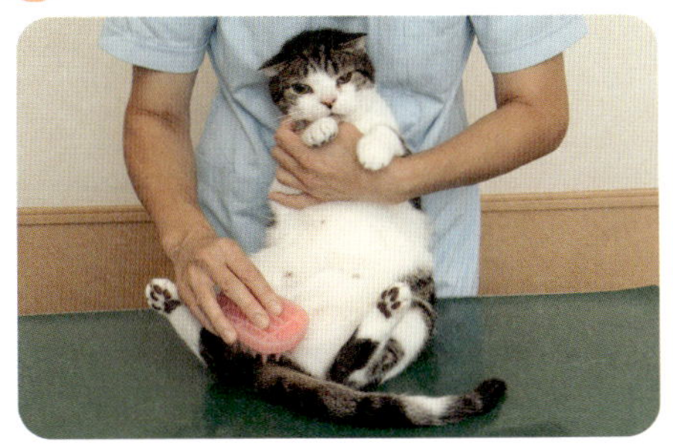

猫を抱っこするようにかかえて、上から下へ向かっておなかをブラッシングします。おなかはいやがる猫も多いので手早く済ませましょう。最後に、71ページの5と同じ要領で、ぬらした手でしっぽをなでたら終了。

抱っこをいやがるとき

抱っこに慣れていない猫は、寝そべらせた状態から、片方の前足をつけ根から持ち上げて、体を開くようにします。その場合は、体で猫の背中を支えるようにすると◎。

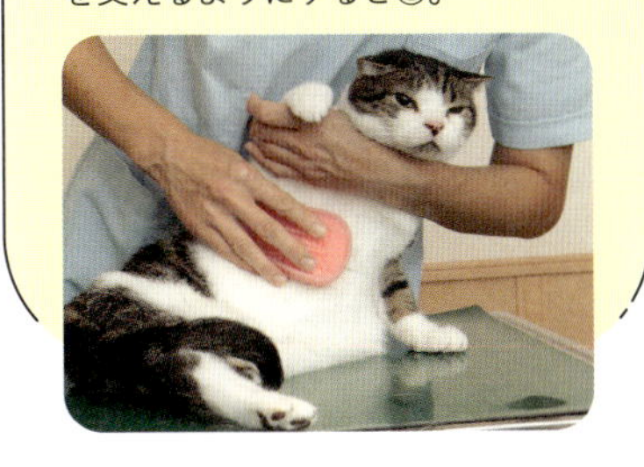

ブラッシング好きにさせるためのテクニック

マッサージをしながら

気持ちよさが勝ればブラッシングへの抵抗もなくなるはず。気持ちいいツボ押しやマッサージをしながら行います。

ツボ押し＆マッサージのしかたは98ページへ

よいイメージをつける

猫が喜ぶおやつをブラッシングのときにだけあげれば、「ブラッシング＝おやつがもらえる」と覚えて好きになります。

道具一式を用意しておく

猫がひざの上に乗ってきたときなど、ブラッシングできそうなタイミングを逃さないように、手に届く場所や各部屋に道具を置いておきましょう。猫も人間もかまえていない自然な流れで少しずつブラッシングに慣らしていくのがポイントです。

長毛種のブラッシング

毛がからまりやすい長毛種は、コームを使って、少量の毛束ずつていねいにとかしましょう。猫がいやがらなければ1日に数回毛をとかしてあげるのが理想です。

コーム

ふんわりとゴージャスな毛並みを保ちたい長毛種は、コームで少しずつ毛のもつれをほぐしながらとかします。もつれがひどいところは無理にひっぱらないように注意。

用意するもの

コーム

目の細かいものと粗いものを用意して、もつれ具合によって使い分けると◎。

ブラッシング用スプレー

静電気を防止して、毛にツヤを与えます。〈APCD猫用 プロフェッショナル グルーミングスプレー フラッフィ 200㎖〉／C

1 頭や体をなでてリラックスさせる

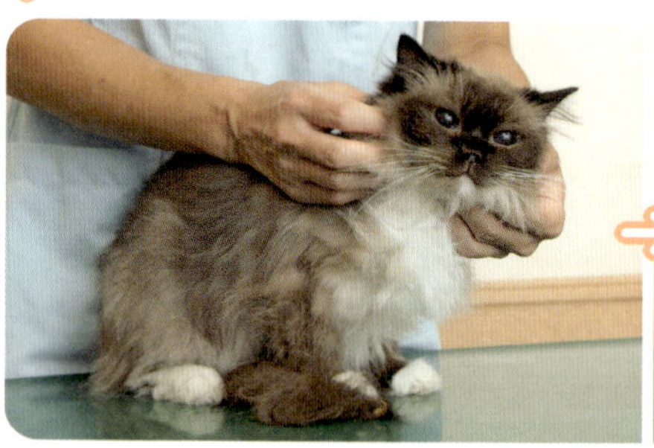

猫の体をなでたりマッサージしたりして、リラックスさせます。猫が落ち着いたら、静電気防止のためにブラッシング用のスプレーをまんべんなくかけます。

2 背中の毛を少しずつコームでとかす

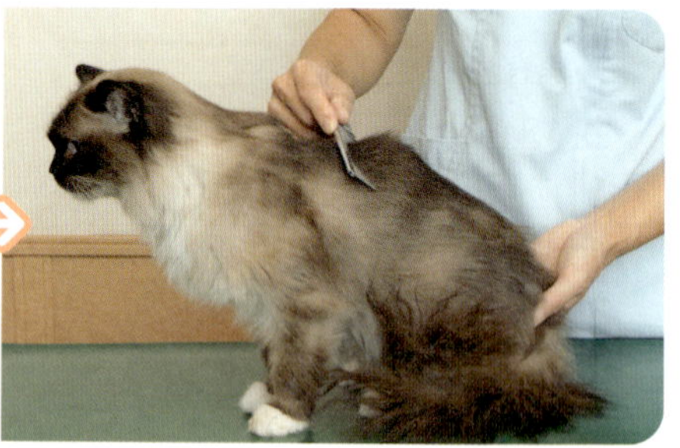

背中の毛を少しずつコームに取り、とかしていきます。一気に広い範囲をとかそうとせず、少量ずつ毛束を取って少しずつほぐしていくのがポイントです。

3 逆毛を立てるようにおしりから頭へ

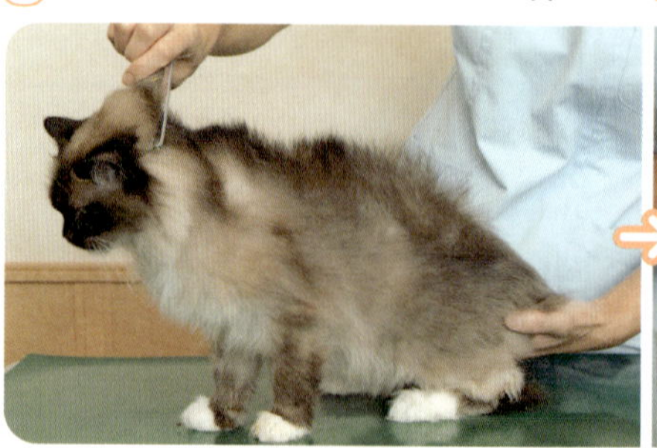

おしりから頭に向かって逆毛を立てるようにコームでとかします。もう一度、頭からおしりに向かってとかし、毛並みを整えます。

4 顔まわりは慎重にとかす

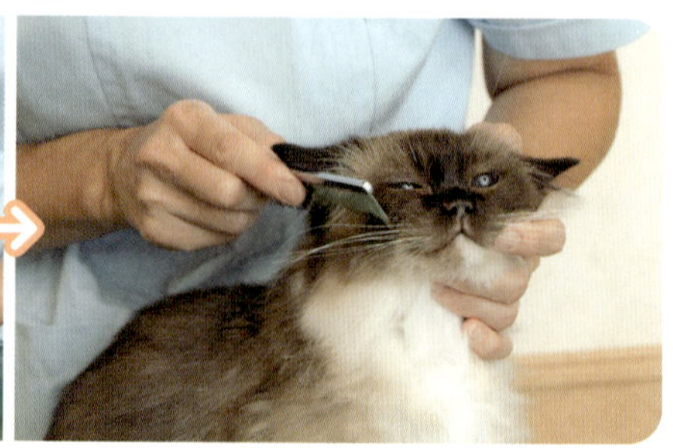

コームが目に入らないように気をつけながら、顔の中心から外へ向かってとかします。ほおのあたりは毛がもつれやすいのでよくとかします。

5 前足、後ろ足をとかす

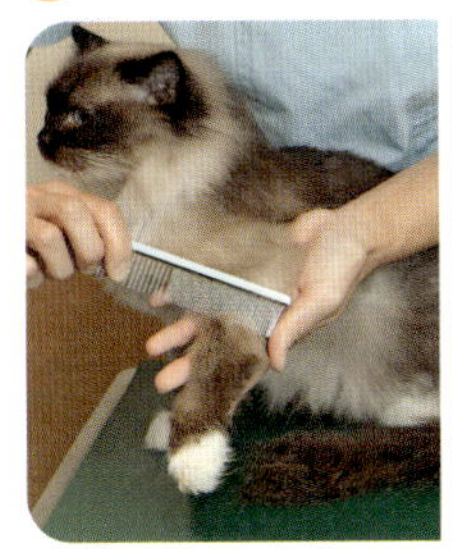
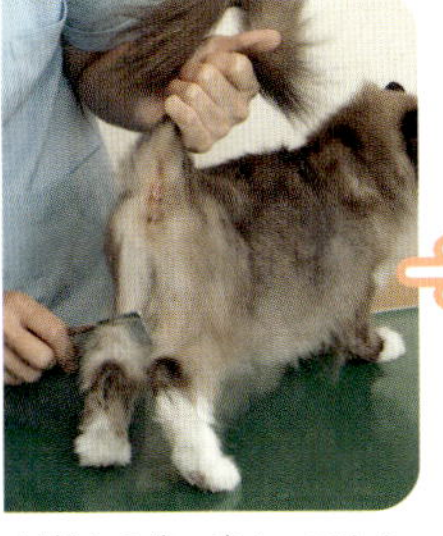

前足と後ろ足を1本ずつ、つけ根から先へ向かってとかします。前足の下に手を入れて、少し足を浮かせるとやりやすいです。後ろ足はしっぽを片手で持ち上げながら行います。かかとの部分は念入りに。

6 しっぽは優しくとかす

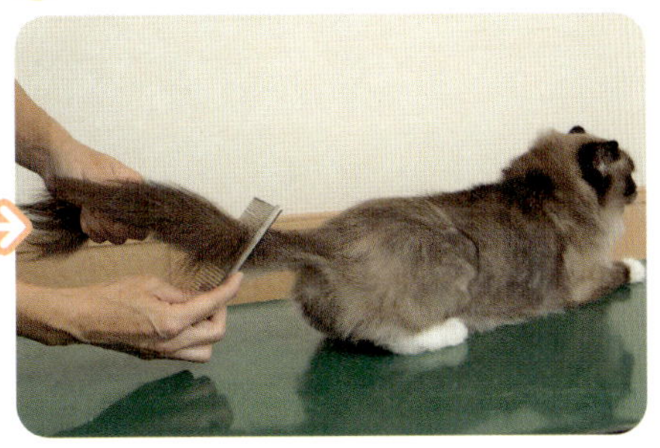

しっぽも毛がからまりやすい部分。一気にとかさず、少しずつていねいにとかします。ひっぱると痛がるので、優しく扱いましょう。

7 おなかはできるだけ手早く!

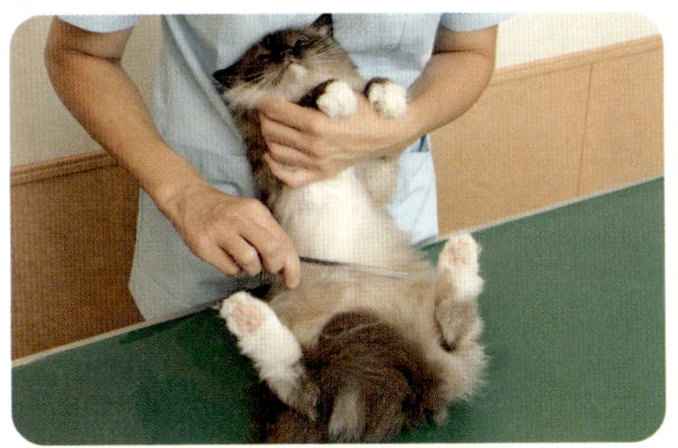

抱っこをするように猫を抱きかかえて、上から下に向かっておなかの毛をとかします。おなかはいやがる猫も多いので、なるべく手早く行いましょう。

POINT

指の間もスッキリ!

指の間の毛が伸びているとフローリングですべってしまうことも。余分な毛は切ってしまいましょう。

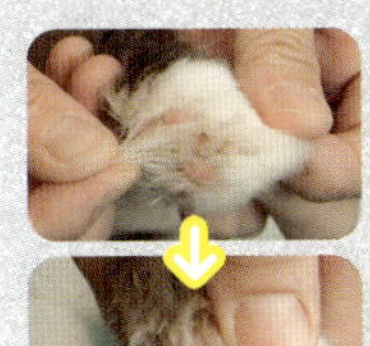

肉球の間から、毛をひっぱり出します。肉球などを切らないように気をつけながら、はみ出ている部分をはさみでカットします。

8 毛玉になりやすいところをほぐす

わき、内股、あごの下は特にもつれて毛玉になりやすいところなので、毎日きちんとほぐしましょう。

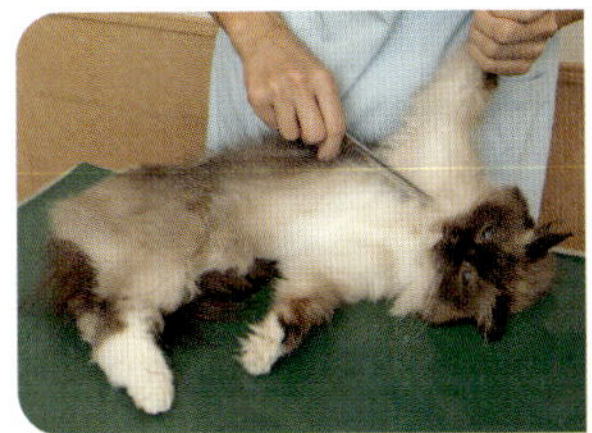

わき

猫を横向きに寝かせて前足を持ち上げ、腕のつけ根からおなかへ向かって毛をほぐします。

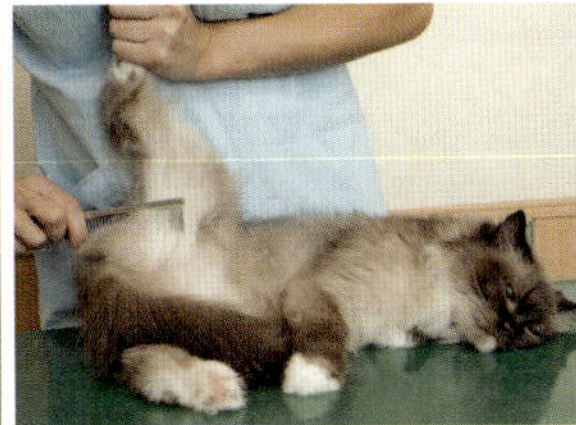

内股

猫を横向きに寝かせたまま後ろ足を持ち上げて、ももから足のつけ根に向かって毛をほぐします。

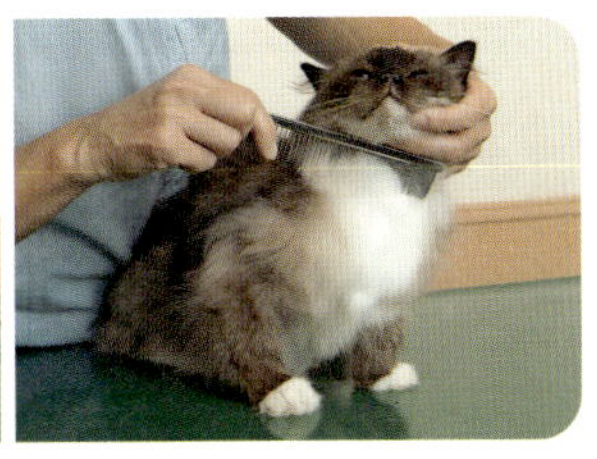

あごの下

猫の頭を上に向けて、あごから下に向かって毛をとかします。

猫が汚れたらどうする？

排せつのときなどに猫の体が汚れたからといって、安易にシャンプーするのはNG。必要最低限できれいにする方法を覚えておきましょう。

汚れたところだけ洗おう

基本的には、長毛種も短毛種もブラッシングをしていれば、シャンプーをする必要はありません。猫にとってシャンプーはとてもいやなこと。汚れたからといって無理に洗おうとすると、飼い主さんと猫の信頼関係がこわれてしまう可能性があるので、ひどく汚れてしまったときだけ汚れた部分のみを洗いましょう。難しければ、トリマーや動物病院などプロに任せるのも手です。

なぜ猫はシャンプーがきらいなの？

猫は、大きな音が苦手です。シャンプーをするときに聞こえる、シャワーやドライヤーの音は猫にとってストレスでしかありません。また、長時間の拘束もストレスを感じる原因。だから、これらの条件が揃っているシャワーがきらいなのです。

専用の洗浄液で洗う

長毛種は排せつの時におしりが汚れてしまうことも。専用の洗浄液を使うと、スルッと汚れが取れて負担が軽減できます。

用意するもの

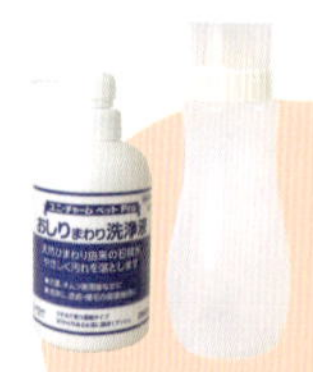

洗浄液
水で洗い流す必要がなく、時短で洗えます。〈おしりまわり洗浄液〉／D

タオル
猫の体を拭けるサイズのものを用意。吸収性が高いものは、乾かす時間を短縮できます。

1 洗浄液を汚れた部分にかける

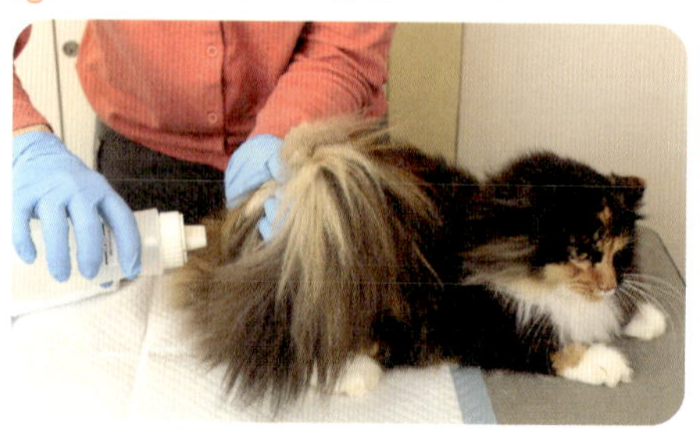

製品の説明書に従って洗浄液を作ります。汚れているところに、洗浄液をまんべんなくかけましょう。

2 乾いたタオルで拭く

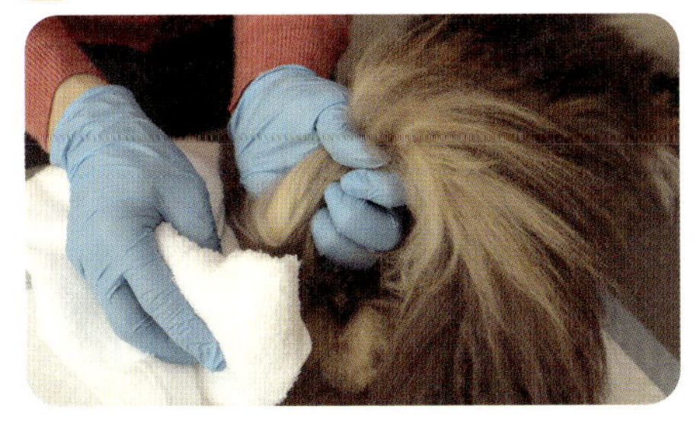

汚れが取れたら、乾いたタオルでしっかり拭きます。拭き残しがあると生乾きになってしまうので、毛の根元までしっかり拭きましょう。

足を洗う

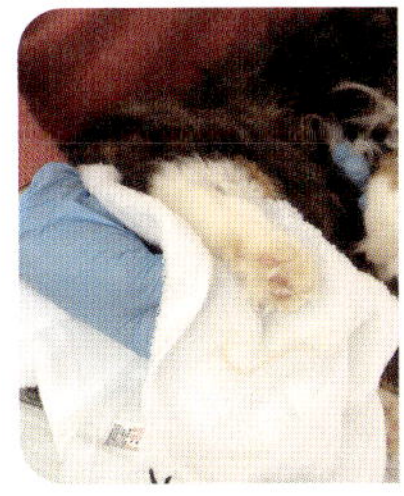

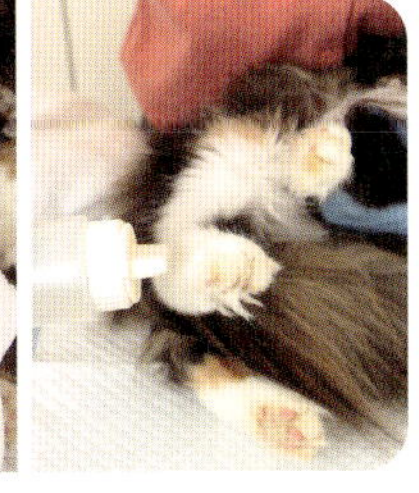

排せつ時などに足が汚れてしまうこともあります。足を洗うときは、猫をあお向けにし、足を固定して洗浄液で洗いましょう。

ホットタオルで拭く

どうしても全身の汚れが気になるときは、ホットタオルで優しく拭くと◎。タオルが冷えたら、再度お湯で温めましょう。

用意するもの

タオル

猫の体を包めるサイズのものを用意します。40℃くらいのお湯につけて絞って使います。

1 タオルで背中全体を包むように拭く

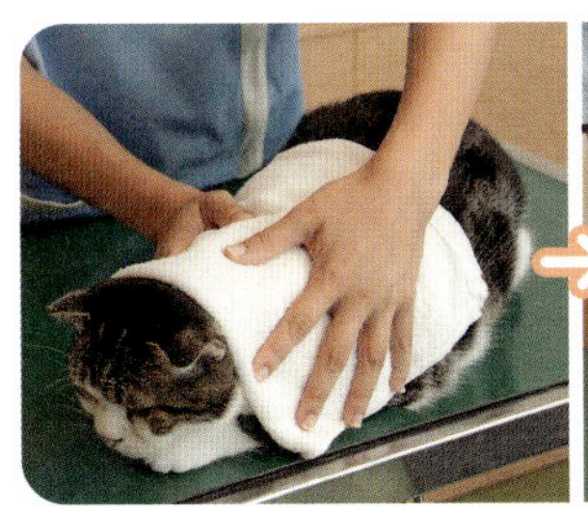

首からおしりまで、ホットタオルでゆっくりなでるように拭きます。

2 あごの下から体の側面を拭く

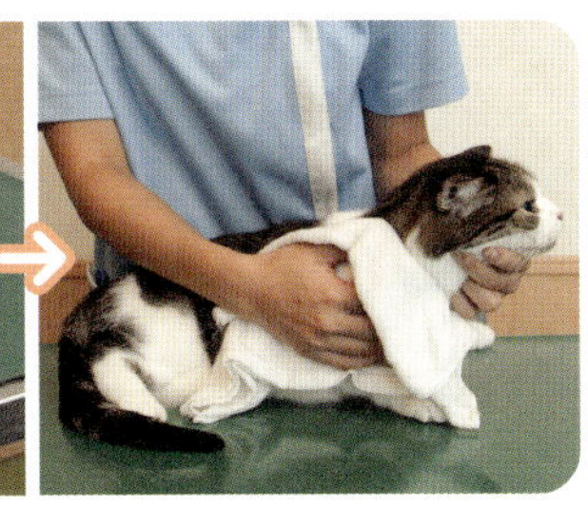

猫の体を少し起こして、あごからわきなどの体の側面を拭きます。

3 足先は指の間までていねいに拭く

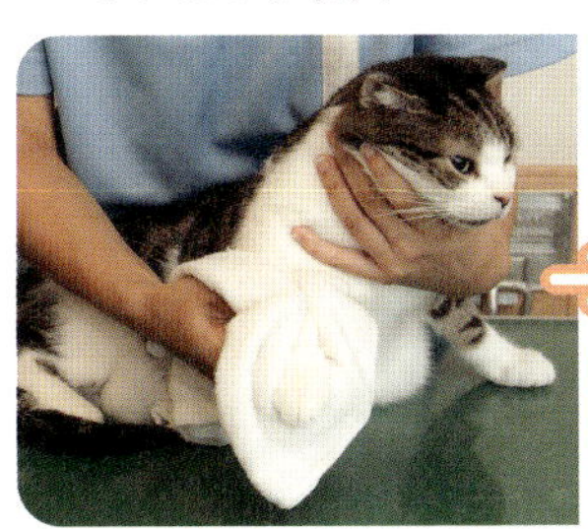

足は1本ずつ拭いていきます。指の間までていねいに。

4 体を起こしておなかを拭く

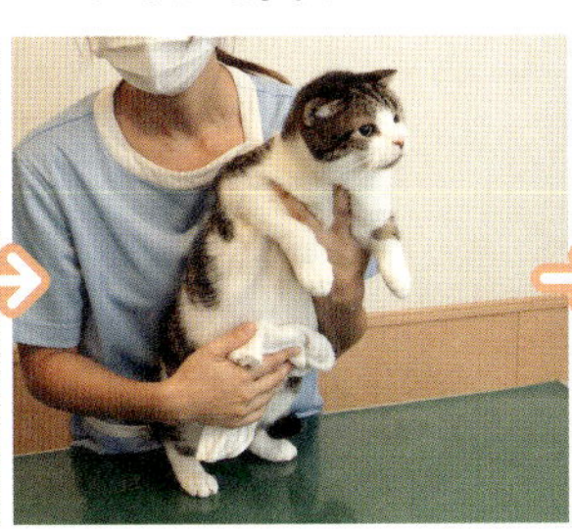

猫の体を片手で持ち上げて起こし、首からおなかにかけて拭きます。

5 しっぽとおしりを拭く

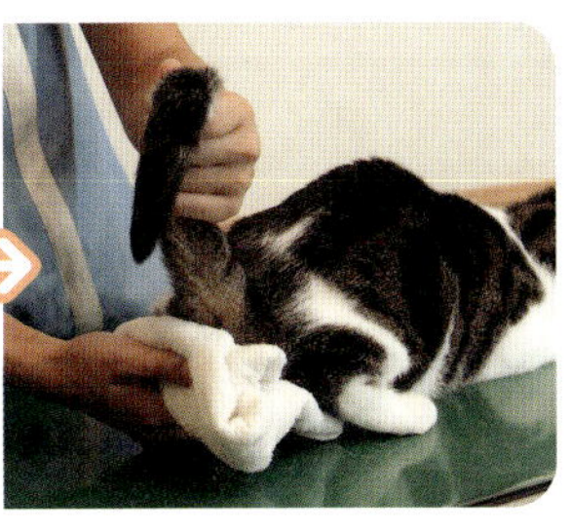

しっぽや肛門のまわりは分泌物でべたつきやすい部分。きれいに拭きましょう。

顔まわりのお手入れをしよう

目やにや耳アカを
さっときれいにできる方法を覚えておきましょう。
かんたんにできる顔まわりのケアを紹介します。

目やにが多いときはこまめに拭き取って清潔に

人間と同じで、目やには健康なときでも出ますが、不調だと多く出るようになります。健康なときの目やには、湿っていると透明か白濁色で、乾くと茶色。乾いたものは指でかんたんに取れます。一方、黄色の粘り気のある目やにがたくさんついている場合は、病気の可能性があります。動物病院を受診のうえ、下の方法でこまめに目やにを取って清潔にしましょう。また、目やにや涙は放っておくと「涙やけ」を起こして目頭の毛が変色することがあります。特にペルシャなどの鼻の低い猫種は涙がたまりやすく、涙やけを起こしやすいのでこまめなケアを心がけましょう。

目のケア

目やにや涙が気になったら、ガーゼで拭き取ります。
ガーゼが誤って目に入らないように、注意しながら拭き取りましょう。

用意するもの

ガーゼ

大きめサイズのものをはさみで切って使いやすい大きさにしておきます。

1 ガーゼを水にぬらす

ガーゼを水でぬらして軽くしぼります。猫は優しくなでたりスキンシップしたりしてリラックスさせましょう。

2 目もとを優しく拭く

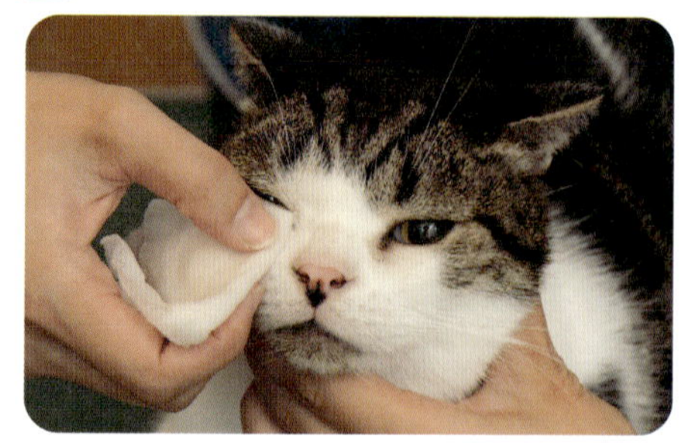

目を傷つけないよう注意しながら、優しく目やにや涙を拭き取ります。

耳の中をチェックしがてら月に1～2回ケアを

健康な猫の耳はほとんど汚れませんが、異常がないかチェックしがてら、月に1～2回ケアするとよいでしょう。耳の掃除は、洗浄液でもみ洗いするように行います。綿棒などで耳掃除をすると傷つけてしまうおそれがあるため、この本ではおすすめしません。

耳の中に黒い汚れがたくさんあったら耳ダニがいる可能性があります。チェックを怠ると、かなり悪化するまで気づかないことも。ひどい汚れや異常がある場合は獣医さんに相談してください。このようなときは、毎日耳のケアが必要な場合もあります。

耳の病気は145ページへ

耳のケア

専用の洗浄液を使うと、手早くケアすることができます。
月に1～2回、チェックも兼ねて汚れを拭き取りましょう。

用意するもの

イヤークリーナー
耳専用洗浄液。動物病院などで購入できます。無添加のものがおすすめ。

キッチンペーパー
洗浄液を吸い取らせるときなどに使います。コットンやガーゼでもOK。

1 イヤークリーナーを耳に入れる

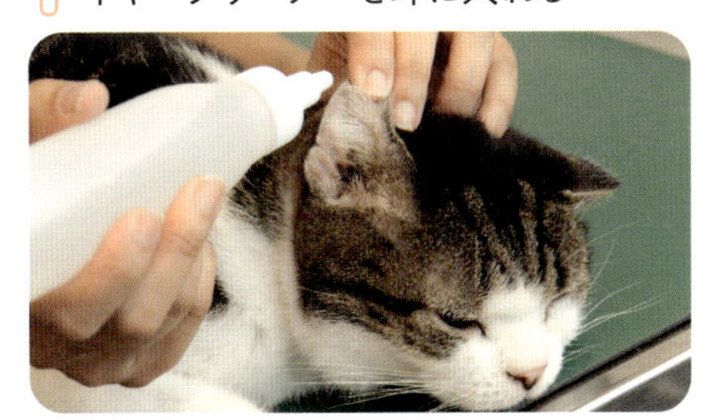

耳の先を軽くひっぱって広げ、液体のイヤークリーナーを耳の中に流し込みます。猫の耳の構造上、あふれるくらい入れても問題ありません。

*猫がいやがる場合は、キッチンペーパーなどにイヤークリーナーを染み込ませて拭くだけでもOK。

2 耳のつけ根をマッサージするようにもむ

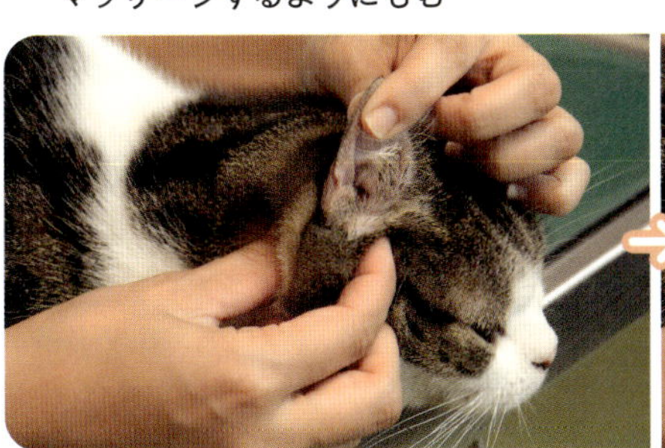

人さし指と親指で耳のつけ根をつまみ、マッサージするようにしっかりともみ洗いします。

3 キッチンペーパーで耳の中を拭く

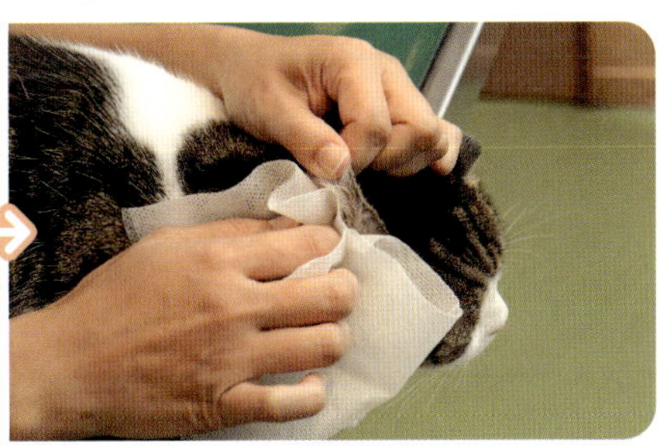

キッチンペーパーを優しく耳の中に入れて、耳の中の水分を吸い取らせます。奥まで入れすぎないよう注意。

歯みがきに慣れさせよう

「猫に歯みがき!?」と思われるかもしれませんが、猫は歯周病になりやすいため、ぜひ行いたいケア。まずはガーゼ歯みがきからスタートしてみましょう。

歯みがきをして歯周病を予防!

3歳以上の猫の約8割が、歯周病といわれています。成猫になってから歯みがきを始めようとするといやがって難しいので、できれば子猫のうちから遊び感覚で慣らしていくのがベストです。子猫も成猫もいきなり歯ブラシを使うといやがるため、まずは口や歯を触られること、歯みがきペーストの味に慣れてもらうことから始めましょう。慣れてきたら、綿棒で練習を始めて、それにも慣れたらいよいよ歯ブラシです。週に1～2回は歯みがきをするとよいでしょう。

口臭をチェックして!

口臭がきつい猫は、すでに歯周病になっているかもしれません。その場合は歯を触ると痛がるので、治療をしてから歯みがきを始めましょう。歯石の除去、重症の場合は抜歯治療が必要になります。また、歯茎が赤い、腫れている、出血がある場合はすぐに病院で診察してもらいましょう。

歯みがきのメリット

歯周病の予防

歯周病になると、歯が脱落したり口臭がきつくなったりするおそれがあります。また、歯周病の原因となる菌が血流に乗って、心臓や腎臓へ悪影響を及ぼす危険性があるので、歯みがきをして歯周病を防ぎましょう。

口臭の軽減

猫の口臭が気になる場合、定期的に歯みがきをすると抑えることができます。

口の中の病気

歯周病（ししゅうびょう）

主な症状 □歯ぐきのはれ・出血　□口臭　□食欲不振　□歯が抜ける　など

概要 歯垢や歯石が原因で歯肉に炎症が起きる病気。ひどくなると歯根やそのまわりの骨まで溶けたり、あごの骨に穴が開くこともあります。猫エイズや猫白血病などになって免疫力が低下すると悪化します。

治療&予防 全身麻酔をかけて歯石を取り除き、薬で炎症を抑えます。抜歯すれば症状が治まります(歯がなくなっても食事には差し支えません)。歯垢や歯石をためないように、定期的な歯みがきが大切です。

歯みがきを成功させるコツ

1 リラックスした状態でスタートしよう

飼い主さんが意気込むと猫も身がまえてしまいます。優しくなでたりしながら、リラックスした状態で始めます。

2 決して無理せずあせらずに

いやがる猫を無理やり押さえつけて行うのはNG。歯みがきが嫌いになり、その後もさせてくれなくなります。猫がいやがる前にやめて、徐々に時間をのばしていきます。

3 終わったら喜ぶことをしてあげよう

おやつをあげたり、遊んであげたりして、歯みがきによいイメージをもってもらうことが大切です。

歯みがきに慣れる準備をする

歯ブラシで歯みがきをする前に、まずは歯みがきをする準備をしましょう。
口や歯を触られることから慣れ、次に綿棒で歯みがきの練習をします。

step 1 口の中を触る

まずは、指で歯ぐきを触ったり歯みがきペーストをなめさせたりしてみましょう。

1 頭や体をなでてリラックスさせる

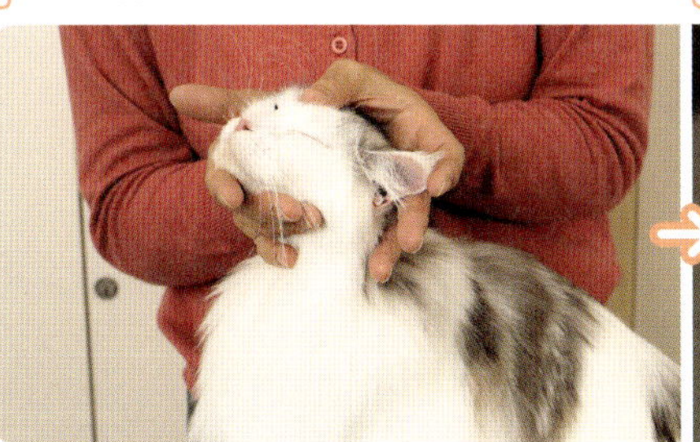

頭や体をなでてリラックスさせます。気持ちよさそうな表情になったら、次に進みます。

2 指で歯ぐきを触る

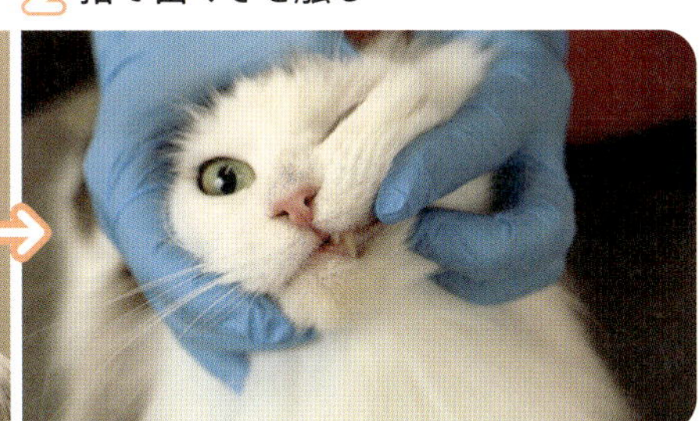

唇をめくって、指で歯ぐきを触ります。指にガーゼを巻いてもOKです。

3 歯みがきペーストをなめさせる

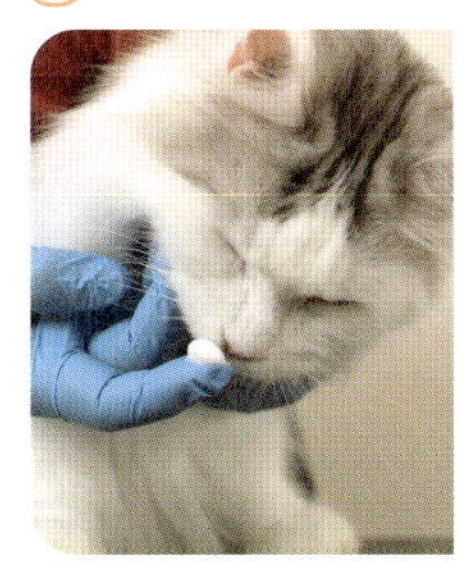

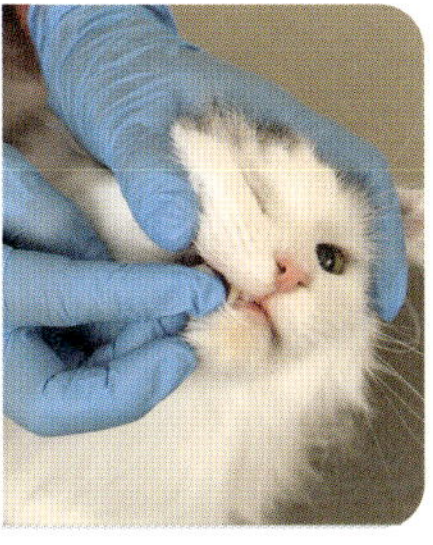

歯みがきには、ペーストやジェルが必須。まずはどんな味なのか猫に知ってもらいましょう。好みの味を探すことも大切。バニラやフィッシュ味を好む子が多いそう。

POINT

1回5秒をくり返す

猫が慣れるまでは、短時間を1日に何度もくり返すことが大切です。1回5秒と決めたら、それを1日に10回ほどくり返して、少しずつ慣れてもらいましょう。慣れてきたら、秒数を伸ばします。

step 2 綿棒で歯をタッチする

次に、綿棒を使って練習します。

用意するもの

綿棒

慣れていない猫には、先がやわらかいタイプがおすすめ。綿棒を使うときは、猫が綿棒を噛んだり飲み込んだりしないように注意しましょう。

※市販の綿棒でもOK。

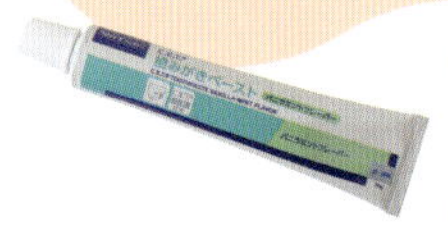

歯みがきペースト

歯みがき用のペースト、またはジェル。かならず猫用のものを使います。

1 頭や体をなでてリラックスさせる

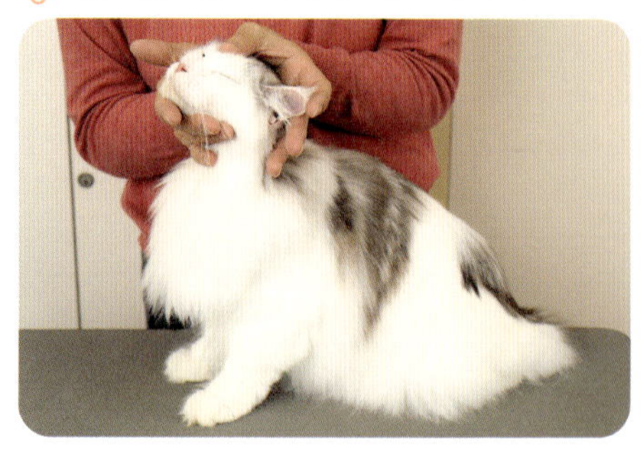

頭や体をなでてリラックスさせます。気持ちよさそうな表情になったら、次に進みます。

2 前歯をタッチする

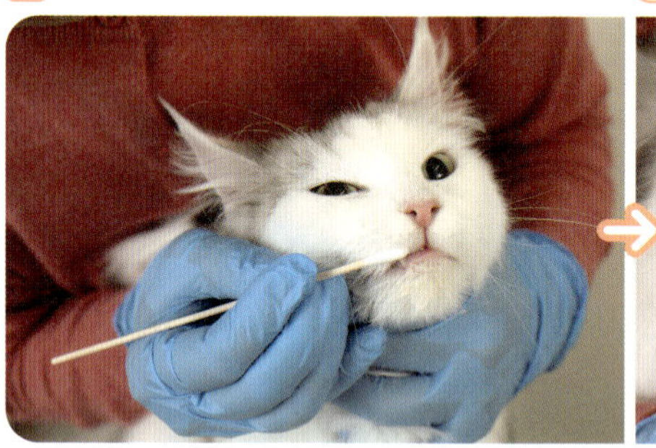

綿棒に少量の歯みがきペーストをつけて、前歯の表面をタッチします。

3 歯ぐきをタッチする

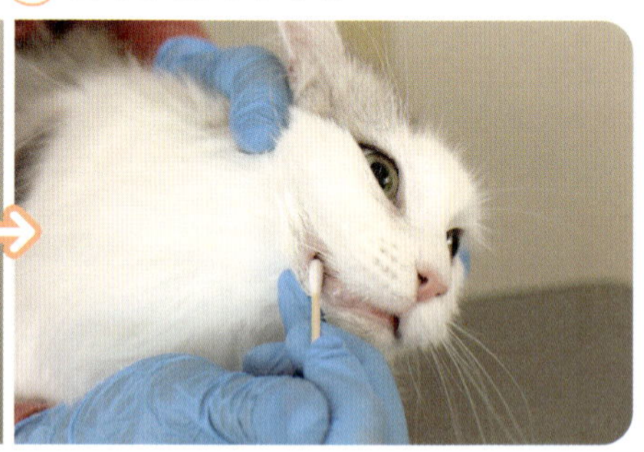

唇をめくって、綿棒で歯ぐきをタッチします。慣れてきたら、やさしく円を描くようにマッサージしてみましょう。

4 奥歯をタッチする

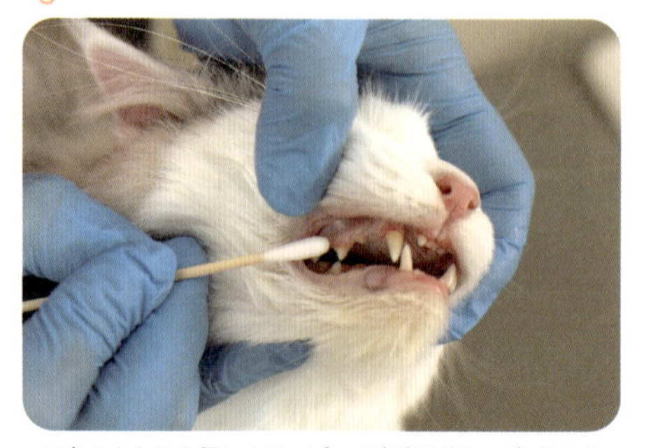

口角のあたりを優しくひっぱって奥歯を出し、奥歯の表面をタッチします。

POINT

汚れやすいところによくみがこう

唇と奥歯の間に歯垢がたまりやすいので重点的に。歯の裏は口を大きく開けないとできないので、無理にやらなくてもOK。

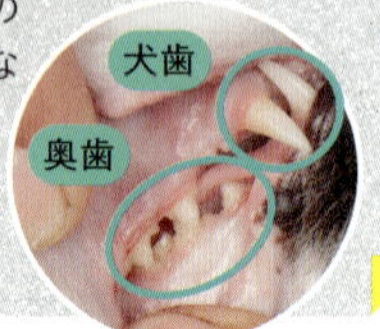

歯みがきにチャレンジする

練習に慣れたら、歯みがきに挑戦！　慣れたからといって、いきなり歯みがきができるわけではありません。歯ブラシを使うことにも少しずつ慣らしていきましょう。

歯みがきのしかた

歯ブラシを使って歯みがきをします。歯の表面を中心にみがきましょう。歯の裏は、無理にみがかなくてもOKです。

用意するもの

歯ブラシ
猫の口の大きさに合った、猫用歯ブラシがおすすめ。

歯みがきペースト
歯みがき用のペースト、またはジェル。かならず猫用のものを使います。

1 頭や体をなでてリラックスさせる

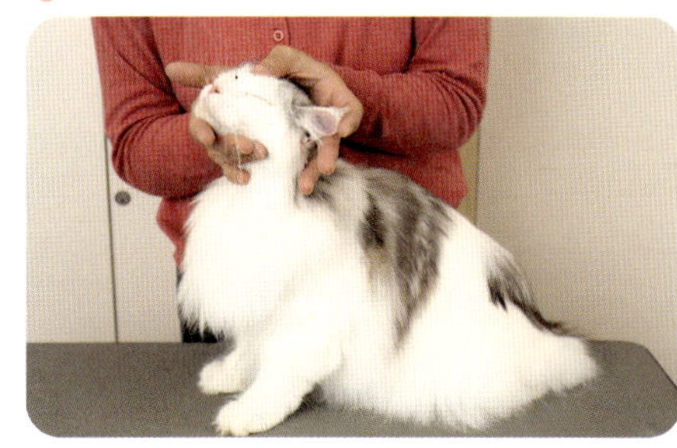

頭や体をなでてリラックスさせます。気持ちよさそうな表情になったら、歯みがきを始めます。

2 前歯をみがく

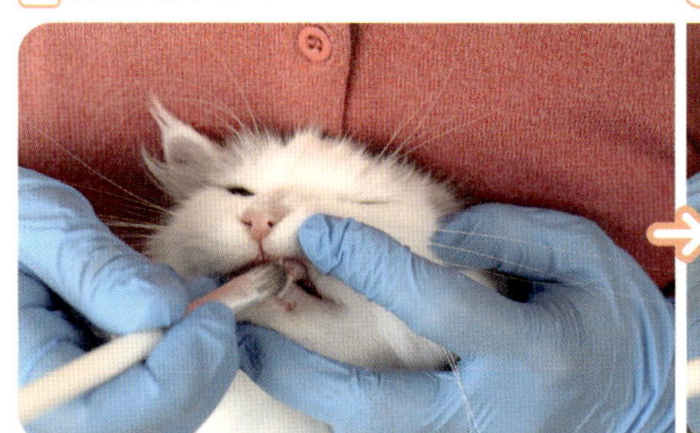

歯ブラシに少量の歯みがきペーストをつけます。唇をめくって、前歯の表面をやさしくみがきます。

3 奥歯をみがく

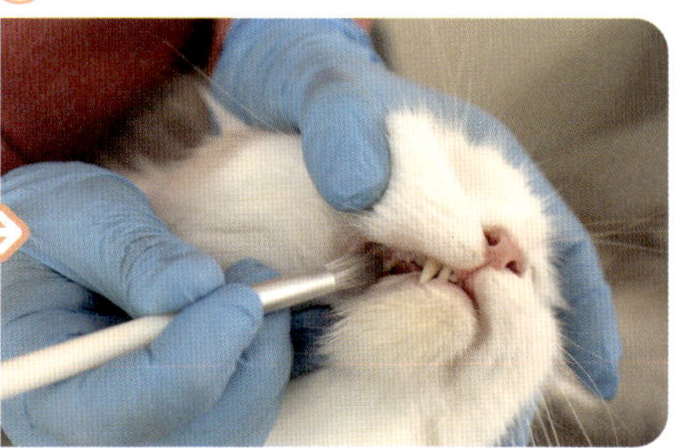

口角のあたりを優しく引っ張って奥歯を出し、奥歯の表面をみがきます。

POINT

人間用の歯ブラシが好みの猫もいる

猫によっては、人間用の歯ブラシのほうが好みの場合もあります。人間用のものを使う場合は、毛量が多く毛先がやわらかいタイプを選びます。

慣れなかったらどうすればいい？

どうしても歯みがきに慣れない猫もいます。そんなときは、デンタルガムなどのおやつやデンタルウォーターを活用したり、定期的に動物病院で歯石除去してもらったりして歯のケアをしましょう。

定期的に爪切りをしよう

猫の体のお手入れで、爪切りは必須項目ですが、
猫が暴れてできないことも多く、難関でもあります。
基本の方法と、暴れたときのテクニックを紹介します。

鋭い爪は危険！定期的に切ろう

猫は自分で爪とぎをしますが、爪とぎをしただけでは爪は鋭いままなので、何かにひっかけたり人をケガさせたりしてしまうおそれも。飼い主さんが定期的にカットしましょう。爪切りされるのを怖がる猫もいます。まずはスキンシップから始めて、触られることや抱っこに慣れさせましょう。爪切りだけでなく、体のお手入れはどれも人も猫もリラックスした状態で行うことが大事です。

猫が安心する姿勢

抱っこが好きな猫は、飼い主さんがひざの上に猫を乗せ、後ろから抱きかかえて切ると安心します。

POINT

怖がりな猫はタオルや洗濯ネットでくるみながら

何かにくるまれていると猫は落ち着くので、怖がりな猫はバスタオルなどで体をくるんだり、洗濯ネットに入れて爪を切るとよいでしょう。タオルの場合は1本ずつ足を出して、洗濯ネットの場合は網の間から片方ずつ爪を出して切ります。タオルで頭まですっぽり覆ってしまうのもいい方法です。

タオル

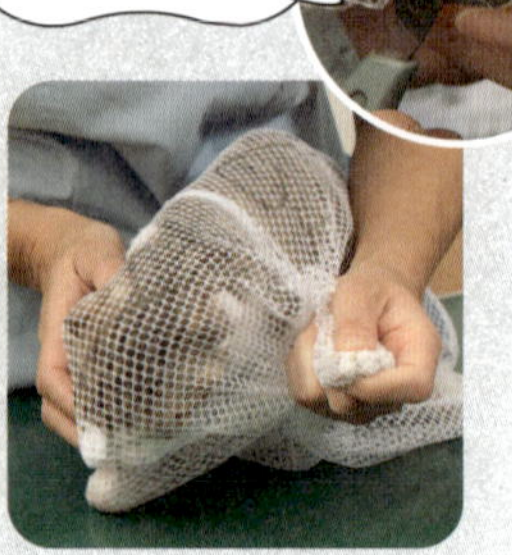

網の間から
爪を出すよ

洗濯ネット

爪の切り方

2週間に一度くらい、爪の伸び具合をチェックしましょう。長時間猫を拘束すると、お手入れをいやがるようになるので、少しずつ切るとよいでしょう。

用意するもの

猫用爪切り

刃が猫の爪の形に合わせてカーブしています。歯の形がちがう爪切りもあるので、飼い主さんが使いやすいものを選んで。

人間の爪切りじゃなくて猫用のものを使ってね！

1 爪を出す

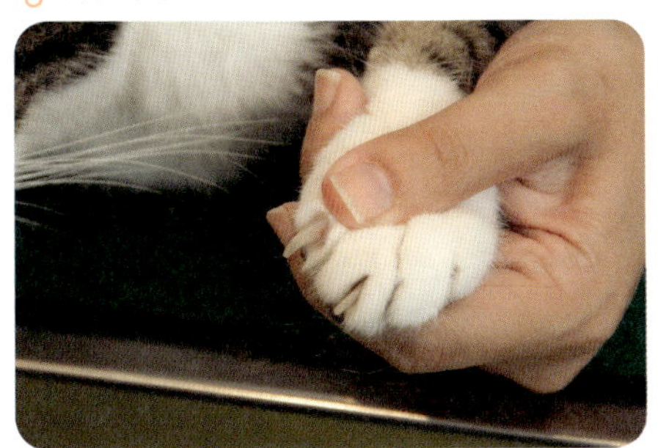

指先を持って軽く押し出して爪を出します。強く押しすぎるといやがられるので注意。

2 深爪しないように爪先を切る

丸くなっている刃で、爪の先を挟んで切ります。刃をあてるのは、どの方向からでも OK。

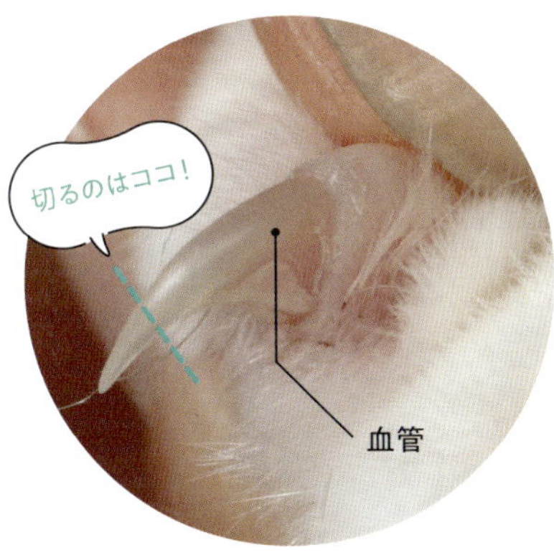

ピンクに透けている部分は血管なので切ってはいけません。少し余裕をもって、先端のとがった部分だけを切ります。

出血したら止血を！

血が出たら、慌てずにガーゼなどで押さえて止血します。出血が治まらない場合は動物病院へ急ぎましょう。

止血のしかたは155ページへ

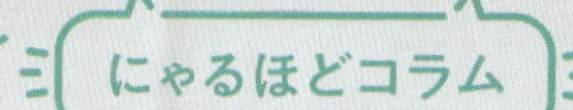

お手入れは子猫のころから慣れさせよう

爪切りやブラッシングなど、
体のお手入れをいやがらずにさせてくれる猫になるかどうかは、
生後2か月までの「社会化期」の過ごし方がカギになります。

子猫の間にお手入れに慣れさせよう

お手入れをいやがらない猫にするためには、生後3週から2か月の間の「社会化期」に慣れさせることが一番。人に触られることに慣れさせ、爪切りやシャンプー、ブラッシングなどのお手入れを始めます。最初は短時間で済ませ、終わったらおやつをあげたり、おもちゃで遊ぶなどして「お手入れは楽しいもの」と刷り込むことが大切。逆に、無理やり押さえつけながらしたりすると、「お手入れ＝恐怖」と覚えてしまうので注意しましょう。

「社会化期」って？

生後すぐの子猫は視覚や聴覚が未発達ですが、生後3週くらいから目や耳が機能し始め、まわりに関心が出てきます。よちよち歩きを始めたり、きょうだいでじゃれ合って遊び始めるころです。この生後3週から生後2か月くらいまでの間を「社会化期」といい、猫社会のルールや、ほかの猫や人とのつき合い方、さまざまな環境に慣れるための大切な期間。このころの経験がその後強く影響するといわれ、適応能力が身につくかどうかがこの時期に決まります。

社会化期

誕生

生後すぐは目も開いておらず、視覚や聴覚は未発達の状態。

生後3週

生後1～2週で目が開き、自分で動けるようになります。

生後2か月

生後6週くらいで離乳し、動きがどんどん活発になります。

Part 4

猫と仲よくなろう！

猫といっしょに暮らしているなら、
じょうずにコミュニケーションをとりたいもの。
猫と仲よくなるのはもちろん、
困った行動をしなくなるよう、うまく導きましょう。

猫と仲よくなるコツは？

猫との距離をもっと縮めたいなら、
何が好きで何が嫌いなのかを知りましょう。
猫とうまくつき合うポイントを紹介します。

猫との"つき合い方"を知って仲よくなろう

猫はいきなりなれなれしくされると警戒してしまう動物。信頼関係をじっくりと築いて初めて、猫と仲よくできる、ということを知っておきましょう。猫と信頼関係を築くには、猫が自分で寄って来るまでは、こちらからは何もしないのがコツ。猫のペースに合わせて少しずつ距離を縮めれば、スムーズに仲よくなれるかもしれません。

猫の好きと嫌いを知ろう

静かな人＞騒がしい人

猫は大きな声や音が苦手。ワーワーと騒ぐ子どもの甲高い声や、猫を見たときにキャーキャーと騒ぐ猫好きさんの声には恐怖を感じます。猫には静かな声と態度を心がけましょう。

おとな＞子ども

猫は、猫の気持ちを考えて落ち着いた態度で接してくれる人が好き。人間の子どもは突拍子もない動きをしたり、しつこく触ったりするので苦手なよう。子どもから逃げられる場所を作りましょう。

女性＞男性

猫がもっとも聴きとりやすいのは、子猫の鳴き声のような高い音。一般に猫が男性よりも女性に懐きやすいのは、声が高くて聴きとりやすいから、といわれています。ゆったりと動くのもポイント高し！

においに慣れさせて安心感を与えよう

猫は見た目よりもにおいで相手を認識するので、猫どうしが初対面したときは、鼻と鼻を近づけて「猫式あいさつ」をします。猫がにおいを嗅ぎに来たら、指をそっと差し出してみましょう。情報収集の邪魔をしないように気が済むまで嗅がせます。においを嗅いだ後スリスリと体をこすりつけてくるのは、あなたに心を許し、自分のにおいをつけようとしているサインです。

においチェックにはつき合おう

猫がにおいを嗅ぎに来たらじっと動かないようにしましょう。時間をかけてしつこくチェックするタイプの猫もいます。嗅ぎ終わった後にスリスリとしてきたら、それは友好のサインです！

猫が近づいてきたからといって、人のほうから寄って行くと逃げられてしまいます。こうした場合、仲よくなるのに時間がかかってしまいます。においチェック中に手を出されることも嫌います。

奥ゆかしい!? OKサインを見抜こう

においチェックが終わり、猫が逃げずに近くにいたり、しっぽがピンと立っていたら、それは猫のOKサイン。次はいっしょに遊んでもっと仲よくなりましょう。OKサインが出ない場合は、ひたすら待ちましょう。猫が隠れたまま出てこないとこちらから近づきたくなりますが、無理に近づくと猫が警戒してさらに距離ができることもあるので注意しましょう。

遊ぶまで慣れたらスキンシップしよう

猫と少しずつ距離を縮め、いっしょに遊べる間柄になれたら、最後にスキンシップに挑戦してみましょう。警戒心がなくなっていれば、猫は人に気持ちよくなでられるものです。しかし、フレンドリーな猫でも、なでられたくないときはあります。甘えたいときに甘え、ひとりでいたいときは放っておいてほしいのが猫の気持ち。微妙な心理の見極めが重要です。

猫が心をゆるしたサイン

逃げずに近くにいる

人のそばにいたり、近づいても逃げないのは警戒心が解けている証拠。遊びに誘って様子を見てみましょう。そっとなでても大丈夫かも。

しっぽがピンと立つ

しっぽをピンと立てていたり、ゆっくり左右にゆらしているときはかまってほしいサイン。ぜひ応えてあげて。

猫が喜ぶ遊び方を覚えよう

猫は遊ぶのが大好き。飽きさせないためのテクニックを身につけて、コミュニケーションを深めましょう。
猫の狩猟本能をいかに燃やすことができるかがポイント。

狩猟本能を満たし運動不足を解消しよう

猫と飼い主さんとの関係を築くうえで、とても大切なのが「遊び」。猫とじょうずに遊ぶことは、豊かなコミュニケーションにつながります。猫との遊びで大切にしたいのが「狩猟本能」。猫はもともと狩りをする動物なので、生まれつき狩りのような動きをするのが大好きなのです。おもちゃを獲物そっくりに動かし、たっぷりと遊べば、運動不足の解消にもなります。

猫の「あそぼ！」サイン

猫がこちらをじっと見ながらゴロンと横になっておなかを見せてきたときは、遊びに誘っています。

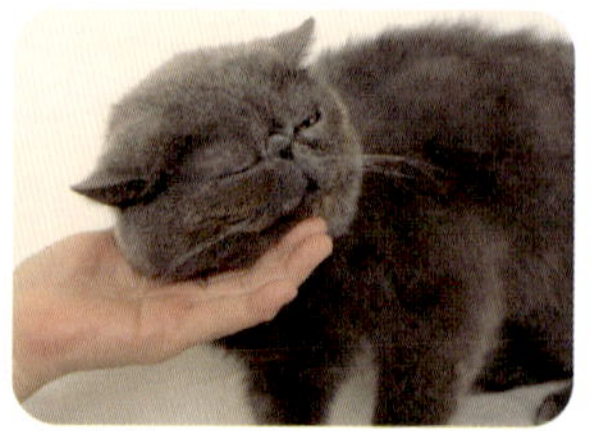

足もとや体に頭をスリスリしてくるのも、甘えている証拠。お誘いに乗らない理由はありません。

飼い主さんの動きに注目し、じっとこちらを見ているのも遊びたいサイン。おもちゃを出せば大喜びするはず。

猫は短期集中型！1回15分遊ばせよう

猫におもちゃを渡したまま放っておく、多頭飼いだから猫どうしで遊べばいいと考えるのは間違い。飼い主さんがいっしょに遊ぶことでコミュニケーションが深まり、性格や身体能力をよく知ることができます。遊ぶ時間は1回15分、1日数回で十分。猫は優れた身体能力をもちますが、持久力はないので15分間思いきり遊べば疲れてしまいます。短時間集中でたっぷり遊ばせましょう。ただし、猫が興奮しすぎたら遊びをストップ。狩りの本能がヒートアップし、人にかみついてしまう猫もいます。

なんで夜に遊び始めるの？

部屋の電気を消した後や、深夜の特定の時間になると、遊びのスイッチがONになるタイプの猫もいます。夜中に部屋中を駆け回る大運動会をくり広げるのがこのタイプ。もともと猫は夜行性なので、夜に活発になるのが本来の姿なのです。その時間になる前に十分に遊んであげて、エネルギーを発散させることを習慣にするとよいでしょう。

深夜にエネルギーフル回転ではつらつと走り回る姿は、動物としての体内時計が正しく動いている証拠。とはいえ、集合住宅などではご近所迷惑でないか心配。床に防音マットやコルクマットを敷くなどの対策をしましょう。

キャットタワーを設置し、ありあまる体力を発散させるのもひとつの方法。

猫のおもちゃの種類

じゃらし棒

棒の先に毛玉やぬいぐるみ、羽がついたおもちゃ。音が鳴るタイプのものも。

ボール

猫が追いかけたり、パンチしたりしてひとりで遊ぶことができる。麻やプラスチックなど素材はさまざま。

つりざおタイプ

つりざおの糸の先端にぬいぐるみなどがついたもの。飼い主さんが魚をつる感覚で遊べる。

けりぐるみタイプ

猫がけったりかんだりして遊べるぬいぐるみ。ヒートアップすると“けりけり”が見られるかも。

遊び方のコツ

おもちゃの色に注意

猫は微妙な色の違いを見分けることができません。遊ぶ部屋の床や家具と同系色のおもちゃだと、見失って戦意喪失。見やすい色をチョイス！

最後は獲物を捕獲させる

獲物を捕まえられないまま終わってしまうと、欲求不満に。見事に獲物を捕らえさせて遊び終われば、猫も満足感を味わえます。

飽きたら別の遊びを

猫はとにかく飽きっぽい動物。遊びに乗ってこなくなったなら、別の遊びに移行しましょう。いくつかの遊び方をローテーションするのもいいでしょう。

やめどきを見極めよう

猫が口を開けて呼吸しはじめたら、遊びは終了。息が上がりすぎの状態です。遊びは1回15分を目安に、様子を見てほどほどに切り上げましょう。

じゃらし棒での遊び方

じゃらし棒を使った基本の遊び方をご紹介します。飼い主さんの動かし方しだいで、遊びの幅が広がります！

猫の狩猟本能を引き出そう！

じゃらし棒を使った遊びでいかに猫を喜ばすことができるかは、猫の狩猟本能をどれだけ引き出せるかにかかっています。じゃらし棒を獲物に見立ててじょうずに動かせば、猫はなんとかして捕まえようと必死になります。猫が獲物にする動物の代表はネズミ、小鳥、虫。この動きをマスターすれば、猫は飼い主さんとの遊びに夢中になるはずです！

猫がいい反応をしたときは動かし方がじょうずな証拠。獲物になりきりましょう。

●はわせる

地をはうネズミや虫になりきって動かして。ツッツッツッ、とメリハリをつけると◎。

●緩急をつける

サササッと速く動かしたり、突然ゆっくりにしてみたり、ピタッと止めてみたり。不規則な動きがポイント。

●ジグザグに動かす

獲物が逃げるときのような動き。あっちこっちに動かし、スピードも変化させます。

猫が喜ぶなで方をマスターしよう

警戒心がなくなれば、猫はなでさせてくれます。
なでてよいタイミングとじょうずななで方を
チェックしてみましょう。

猫のリラックス中にじょうずに触ろう

なでられるという行為は、母親になめられているのと同じ安心感を感じ、猫にとって気持ちがよいもの。猫がリラックスしているときに優しくなでてみましょう。寝入る前や寝ているときはとてもよい気分で、落ち着いて触らせてくれるチャンス。とはいえ、猫の邪魔になるほどの触り方では嫌われるので、ほどほどにしましょう。

なでていいタイミング

OK

- ○ リラックスして横になっているとき
- ○ しっぽを立てて歩いているとき
- ○ くねくね、コロコロしているとき

リラックスしていたり、機嫌がいいときはなでても大丈夫。猫が喜ぶところを優しくなでましょう。

NG

- × ごはんを食べているとき
- × 毛づくろい中
- × 集中して遊んでいるとき

集中しているときに触られるのは人間だっていやなもの。そっとしておいてあげましょう。

猫がなでられると気持ちいいところ

一般的に猫が気持ちいいと思うポイントを参考に、愛猫のツボを探しましょう。
目を細めて喜ぶ猫を見るのは、猫を飼う醍醐味ともいえるでしょう。

あご

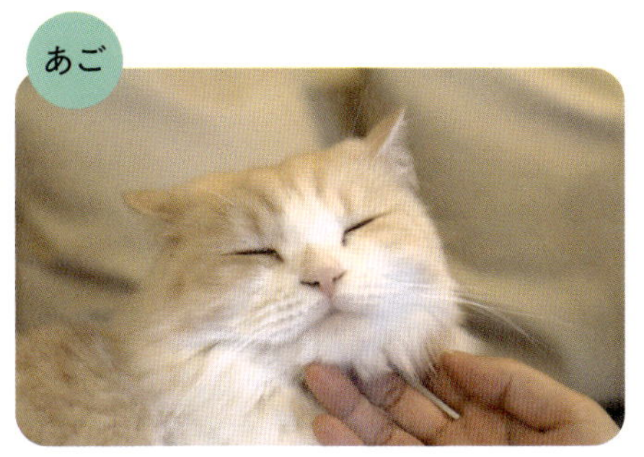

あごの下を少し強めにかいてあげると喜びます。のどのあたりを指の腹でなで、慣れたら耳の下までをガシガシかくのも◎。

顔

額は毛の流れに沿ってなでましょう。鼻すじは上から下に、口もとはほおに向かってなでます。デリケートな部分なので優しいタッチを心がけて。

首

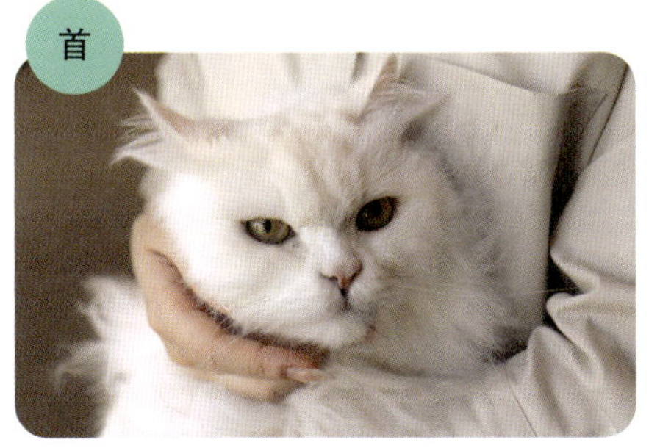

首のまわりは少し強めにカリカリすると気持ちがよさそう。猫が後ろ足でかくくらいの強さが目安。

肩

猫も人と同じように、肩がこるようです。前足のつけ根の肩のあたりを、優しくくるくるしてあげましょう。

背中

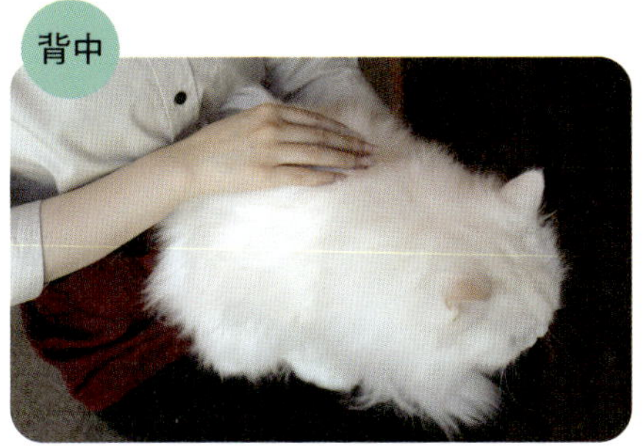

毛並みと骨格に沿うようにして、まっすぐ一直線に手を動かします。ゆっくり、優しくがポイント。

耳

親指と人さし指で耳を優しくつまみます。耳の入り口の毛が薄いところも喜びます。

前足

いろいろなツボを刺激するつもりで、左右の前足をムギュムギュします。肉球の感覚を楽しむのも◎。

正しい抱っこのしかたを覚えよう

猫を抱っこして親密度をアップさせましょう！
抱っこはスキンシップだけでなく、お手入れのときや病院へ連れていくときにも欠かせません。

信頼関係を築いてから抱っこしよう

人懐っこくてなでられるのは好きだけど、抱っこだけは苦手という猫も多いよう。とはいえ、猫を移動させたいとき、お手入れのとき、病気のときなど、抱っこしなくてはいけないシーンも多いものです。抱っこは猫にとって体の自由を奪われている状態なので、猫は信頼関係を築いた人にしか抱っこさせてくれません。1日数回、抱っこの練習をして慣れてもらいましょう。そして、ふだんからスキンシップを心がけ、猫が安心して体をあずけてくれるようによい関係を築くことも大切です。

抱っこ好きの猫にするには？

子猫のうちから慣れさせる

抱っこ好きの猫にさせるには、子猫のうちから人に抱っこされることに慣らすこと。生後2か月までの社会化期にたくさん抱っこをし、抵抗感をなくすことが大切です。

社会化期については86ページへ

抱っこの後はいいことがあると覚えさせる

抱っこした後に大好きなフードをあげるなど、よいことがあると思わせるのも手。どうしてもいやがる猫は、座っている飼い主さんのひざの上に乗せることから始めましょう。

抱っこするときに気をつけたいこと

慣れた猫だけ抱っこしよう

猫は信頼している人にしか抱っこされません。まずは十分に猫が懐いてから、抱っこされることに慣れさせましょう。スキンシップでよい関係を築くことが大切です。

いやがるところは触らないで！

しっぽやおなかなど、猫がいやがる場所を触るのはNG。また、母猫が子猫にするように首ねっこを持つのもよくありません。足だけを持って持ち上げるのも×。

しっぽを激しく振ったら下ろそう

抱っこされているときにしっぽを激しく振るのは強く抵抗しています。すぐに下ろしてあげましょう。

体を密着させてしっかり抱っこしよう

猫を抱くときは、猫が安心できる安定感を作ること。猫がずり落ちたり、腕の間からすり抜けたりしないよう、体をしっかりと密着させて安定させます。猫が安心して体をあずけられるよう、おしりの下に手をまわして支えるとよいでしょう。体全体を両腕でくるむと安定感がアップします。抱き方が悪いと、猫が抱っこをいやがるようになります。正しい抱き方を身につけましょう。

抱っこの手順

不安定な抱き方では猫もリラックスできません。体全体をしっかりと支えて、安定感を意識して。きつくつかみすぎると猫が痛がるので注意しましょう。

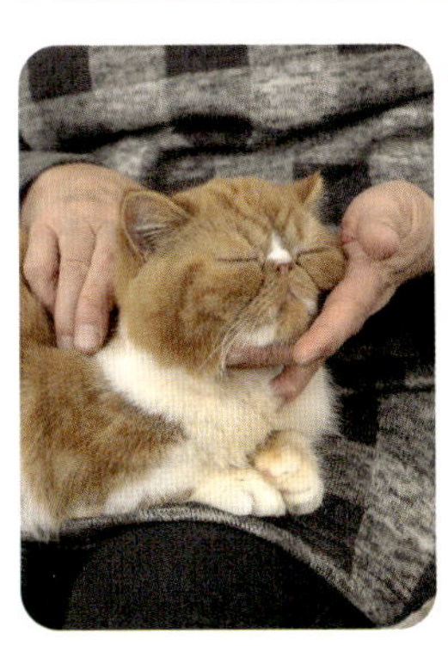

1 なでてリラックスさせる

抱っこする前に優しく猫をなでて、リラックスさせましょう。猫が落ち着いているときに行うのがベストです。

2 上半身を持ち上げる

猫の体を起こし、片手で両方の前足をつけ根からつかみます。前足の間に人さし指と中指を入れると安定します。

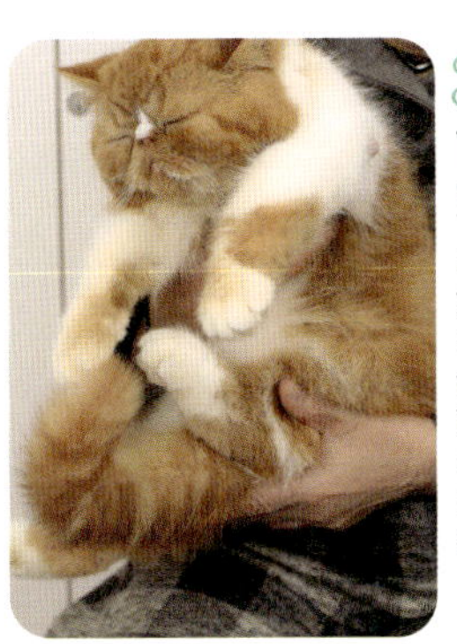

3 下半身を支える

おしりの下からもう片方の手をまわし、下半身を支えます。暴れる猫は前足と同じ要領で両後ろ足のつけ根もつかみます。安定して抱っこできるポジションを探しましょう。

4 密着して安定させる

猫の全身を飼い主さんの胸に密着させ、安定させます。猫が暴れたら前足を押さえ、腕で胴体を押さえれば、すり抜け防止になります。

猫のツボ押し＆マッサージ

人は疲れたとき、マッサージをすると気持ちよくなりますが、猫だってツボ押しやマッサージが大好き！
猫も人も癒やされる、ツボ押し＆マッサージをご紹介します。

毎日5分！ツボ押し＆マッサージで楽しくコミュニケーション

東洋医学では、全身に「経絡（けいらく）」と呼ばれる生命エネルギーの通路があり、その上にあるツボを刺激することで健康促進がはかられるという考えがあります。猫にもこの「経絡」が通っていて、ツボ押しやマッサージは有効といわれます。日常のスキンシップの延長として、猫のツボ押し＆マッサージを取り入れてみましょう。

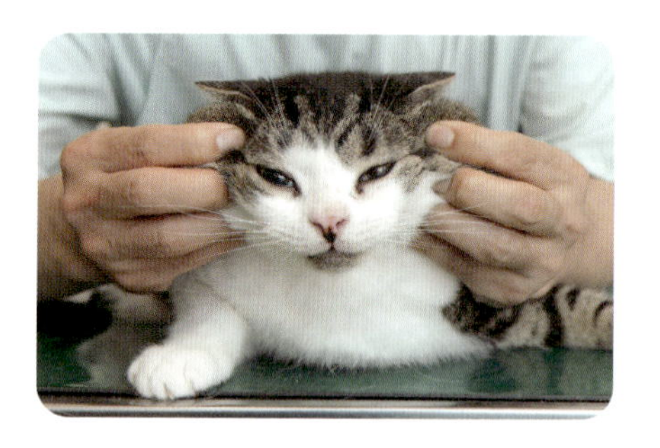

ツボ押し＆マッサージのコツ

力加減は500g～1kgくらい

猫のツボを押すときの力加減は500ｇ～1kg。実際に写真のように量りを指で押して、力加減を確認してから始めましょう。綿棒などを使っても◎。

1日5分から始めて慣れても1日10分まで

猫をなでる延長として、最初は1日5分程度から始めましょう。ひとつの部位から慣れさせていき、徐々に施術する部位を増やしていくとよいでしょう。慣れてきても、1日10分程度を目安に。短時間でも、毎日続けることが大切です。

はじめは弱い力から。愛情を込めてゆっくりと！

いきなり強い力でのマッサージは×。弱い力から始め、マッサージされることに慣れさせます。ゆっくりと愛情を込めて行いましょう。信頼関係を深める気持ちで、優しく声をかけながら施術すれば、飼い主さんにとっても猫にとっても癒やしの時間になるはず。

猫がいやがったらすぐやめる。体調を見ながら猫のペースで

猫がいやがったり、痛がったりしたらすぐにやめましょう。その日の体調を見ながら猫のペースに合わせます。なお、マッサージやツボ押しは病気の直接の治療にはならないので、病気の疑いがあるときは、獣医さんと相談しながら行ってください。

基本の手の動きをマスター

ストローク 手をくしに見立ててなでる

毛並みと骨格に沿って優しくゆっくりとなでましょう。指を少し立て、くしのように動かすのがポイント。マッサージ前のウオーミングアップに行うと、猫がリラックスしてマッサージを受けることができます。

体の横はこんなふうに

もみもみ テンポよくつまんで離す

親指と人さし指で、「つまむ」→「離す」をくり返します。テンポよく、皮膚をつまんで持ち上げるイメージで。あごの下に手を添えると安定します。

円マッサージ 「の」の字を描くようになでる

人さし指と中指をそろえてマッサージをする部分におき、「の」の字を描くようになでます。猫の皮膚から指が離れないように、優しくもみほぐします。

ピックアップ 皮膚をつまみ上げる

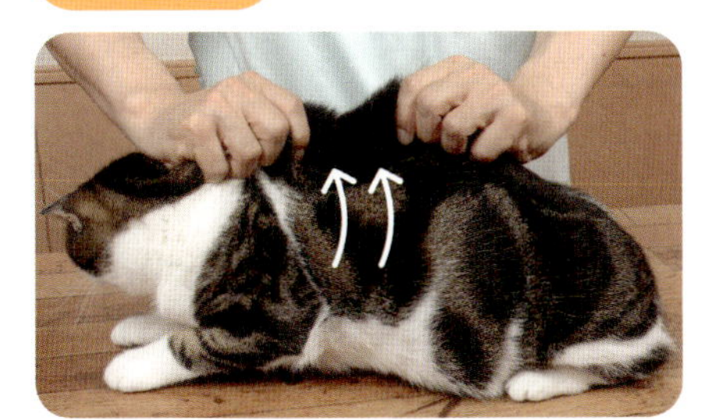

猫の皮膚は、とてもよく伸びます。背中の皮膚をつまみ、ためらわず、思いっきり引き上げてみましょう。皮膚のストレッチになり、多くのツボに一度に刺激を与えられます。

指圧 徐々に力を入れて背中を優しく押す

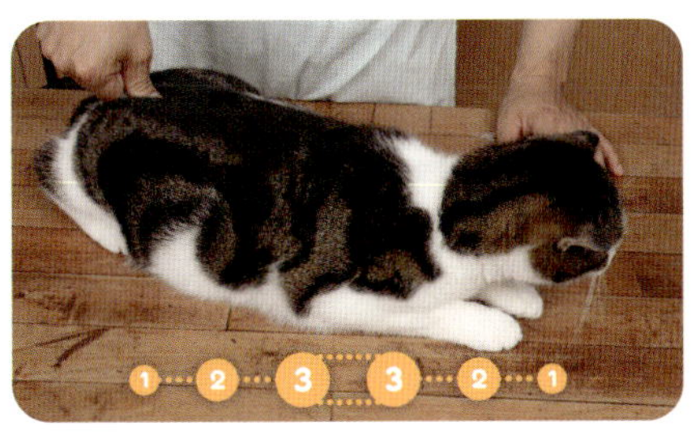

「1、2、3」と徐々に力を入れていき、「3」の力加減のまま3秒間止めます。そして、「3、2、1」と徐々に力を抜いていきます。優しく、心を込めて行いましょう。

毎日5分！うっとりマッサージ

ツボ押しより、かんたんにできるツボマッサージのコースを紹介！
毎日続けることで、猫とのきずなを深めることができます。

健康チェックしながら癒やし効果も！

毎日たったの5分。愛猫とのコミュニケーション手段にマッサージはいかがですか？1セット5分程度のコースをご紹介します。お互いリラックスしてスタート！

POINT

綿棒で優しく押してもOK

基本的にツボ押しは指先で行いますが、足先のツボや顔まわり、子猫に指圧するときは、綿棒もやりやすくおすすめ。目などを傷つけないよう注意しましょう。

1 背中ストローク

まずストロークで「これからマッサージを始めるよ」という合図を送ります。毛並みに沿って、背中からしっぽのほうへ優しく10回ほどなでてあげましょう。

ふけや化膿しているところがないか確認を。下半身を痛がる場合は猫下部尿路疾患の疑いも。

2 肩をもみもみ

猫は肩が凝っていることが多いそう。肩こりの予防と解消に、肩を6〜10回もみもみ。そして、肩から前足の先へ、円マッサージを10秒ほど行います。

肩や足の筋肉が硬直していないか、触ったときに痛がらないかチェックをしましょう。

3 後ろ足をぐりぐり

腰から股関節、そして後ろ足の先へ約10秒円マッサージをします。後ろ足には太い筋肉があるので特にていねいにマッサージしてあげましょう。

腰やももの筋肉に異常がないか、チェックします。痛がる場合は、腰痛や関節炎を疑います。

4 握手＆爪もみもみ

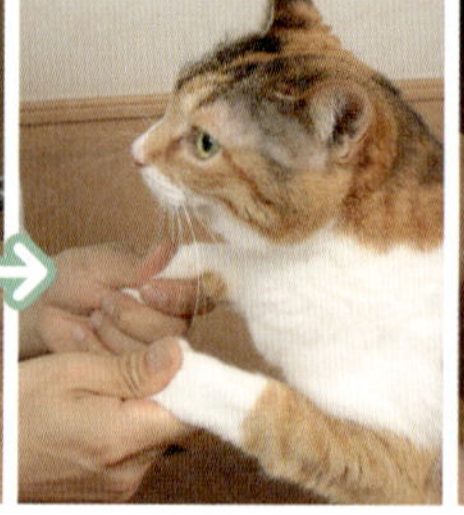

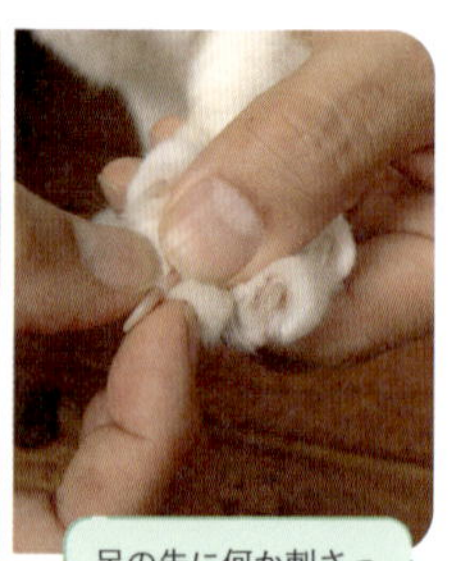

左右の前足を握り、ムギュッと握手するように約10回力を入れます。その後、1本ずつ爪を出し、爪のつけ根を左右からもみます。ツボ刺激で爽快！

足の先に何か刺さっていないか、爪が割れたり、伸びすぎていないかをチェックします。

5 顔をびよーん

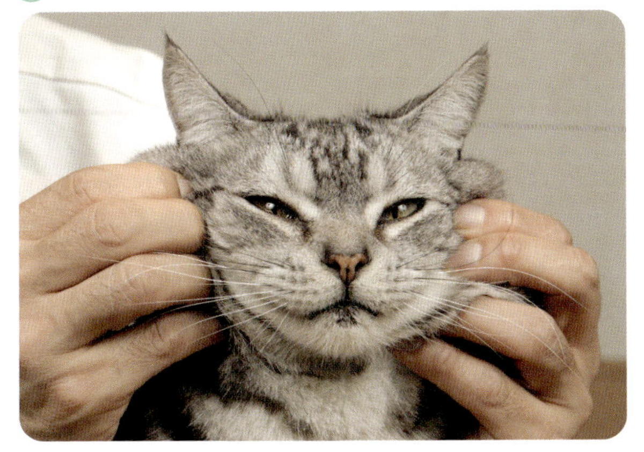

両頬の皮膚を上下左右に引っぱり上げて、約10秒、できるだけ変な顔にします。この動きで顔の筋肉がもみほぐされ、ストレス解消につながります。

目の異常、目やにの量、口臭がないかを確認しましょう。顔に小さなしこりがないかもチェック。

6 鼻をくいくい

鼻の毛のある部分とない部分の境目を、中指の腹を使ってゆっくりと10回ほど押します。ここは「素髎（そりょう）」というツボで、鼻の通りをよくし、鼻水を抑えます。

鼻水が出ていないか、鼻は詰まっていないかをチェック。鼻水・鼻づまりは猫風邪などの症状です。

7 耳をもみもみ

耳の先を引っぱりながら、耳の根元を左右から親指と人さし指ではさみ、6〜10回もみます。耳には多くのツボがあり、健康の保持・促進に効果的です。

耳アカ、耳のにおいをチェック。黒っぽい耳アカがたまっている場合は、ダニがいることも。

8 おなかをくるくる

猫を抱っこして仰向けにし、胃から下に向かって、中指と人さし指で優しく円マッサージ。6〜10回が目安です。胃腸の働きを調整する効果があります。

乳腺のしこりや脱毛、おなかの張りをチェック。痛みや異常があると猫が力んで体が硬くなります。

9 ピックアップ

最後に5〜10回ほどピックアップします。猫の背中にはツボが集中する「督脈（とくみゃく）」という経絡が流れているので、一度にツボが刺激されて猫もすっきり。

触ってみてむくみはないか、皮膚の戻りが悪くないかチェック。戻りが悪いときは脱水症状の疑い。

体調回復を助けるツボ押し

体調の回復を手助けしますが、直接の治療にはなりません。
病気の疑いがある場合は、獣医さんに相談してください。

猫風邪予防

動物病院の来院理由NO.1は、猫風邪だとか。猫風邪のつらい症状を、ツボ押しで少しでも和らげましょう。あくまでも優しく、ゆっくりを心がけて。

風池(ふうち) …… 初期症状に

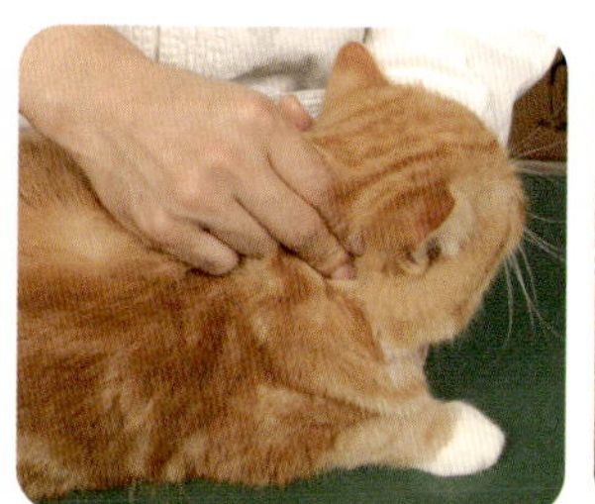

だるそうにしていたり、食欲が落ちてきた、といった猫風邪の初期症状には、首と頭のつけ根にある「風池」を約10回もむのがおすすめ。もう片方の手であごの下を支えると安定します。

廉泉(れんせん) …… せきを抑える

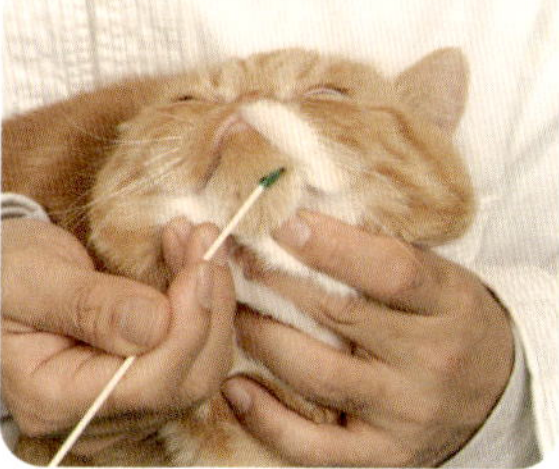

あごの下のくぼみの部分にある「廉泉」。猫風邪によるせきを抑える働きが期待できます。あまり強くやりすぎるといやがるので、綿棒などで優しく6秒を6〜10セット刺激して。

尾尖(びせん) …… 胃腸を整える

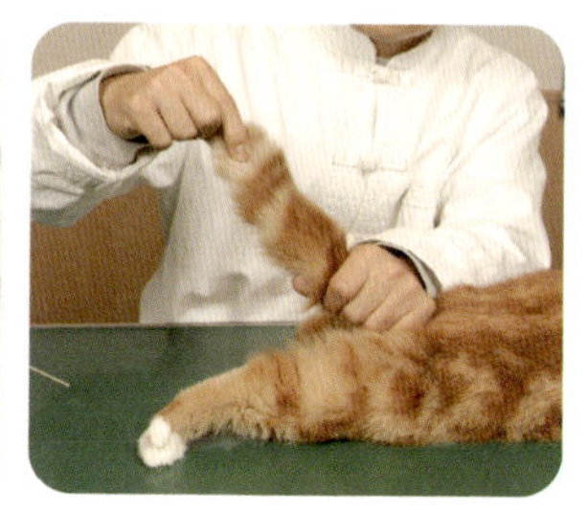

猫風邪による下痢症状の改善に、しっぽの先にある「尾尖」を押すと効果があるといわれています。片手でしっぽのつけ根を押さえ、もう片方の手でしっぽの先を引っぱるように約10回つまみましょう。

長寿

7歳を過ぎたら老齢期。かわいい愛猫には少しでも長生きしてもらいたいものですよね。いつまでも元気でいてね、という思いを込めてツボを刺激しましょう。

湧泉(ゆうせん) …… パワーが湧く

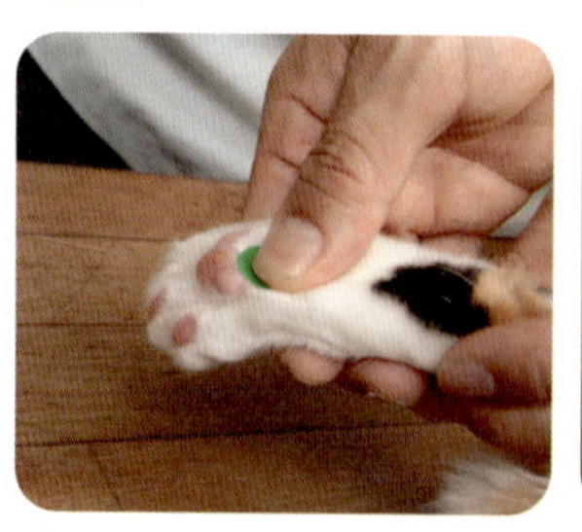

泉のように元気が湧いてきて、パワーアップに効果があるそう。後ろ足の大きな肉球の後方にある「湧泉」を、左右各6秒、6〜10セットプッシュします。

命門(めいもん) …… 生命エネルギー充てん

肋骨の一番下から背骨に沿ってしっぽのほうへ下がった第2、第3腰椎の間にあるくぼみを6〜10秒間指圧。免疫力を強化し、生命エネルギーを充てんすると考えられています。

後海(こうかい) …… 免疫力アップ

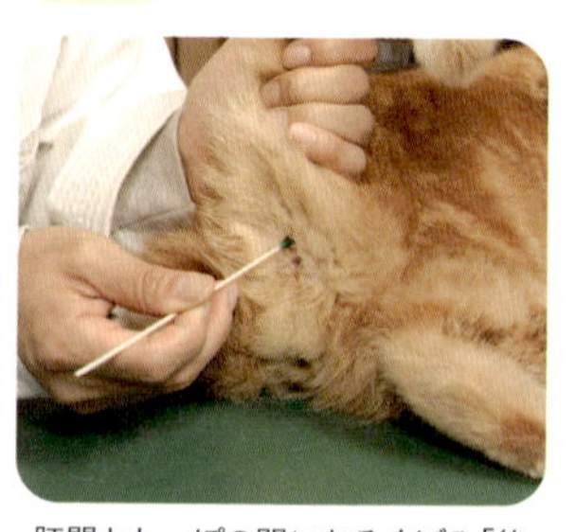

肛門としっぽの間にあるくぼみ「後海」も、免疫力をアップさせるといわれるツボ。綿棒などを使って前方に押します。デリケートな部分なので慎重に行ってください。6秒を6〜10セットが目安。

ダイエット

現在、飼い猫の4割以上が肥満といわれています。猫の肥満はあらゆる病気をまねきます。食事療法、運動とあわせ、肥満に効くといわれるツボを刺激して、ダイエットに取り組みましょう！

大腸兪（だいちょうゆ） 小腸兪（しょうちょうゆ）……排せつを促す

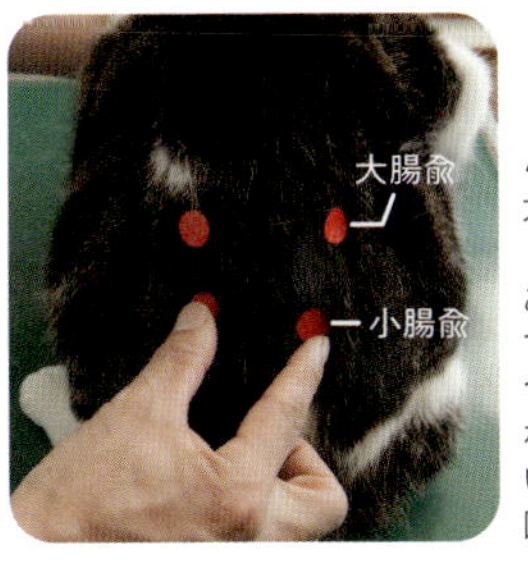

4番目の腰椎の両脇が、大腸兪。そこからおしりに向かって、骨盤にあたった両脇が小腸兪です。いずれも、排せつを促すといわれるツボで、ダイエットによいとされます。6〜10回もみます。

中脘（ちゅうかん）……食欲を抑える

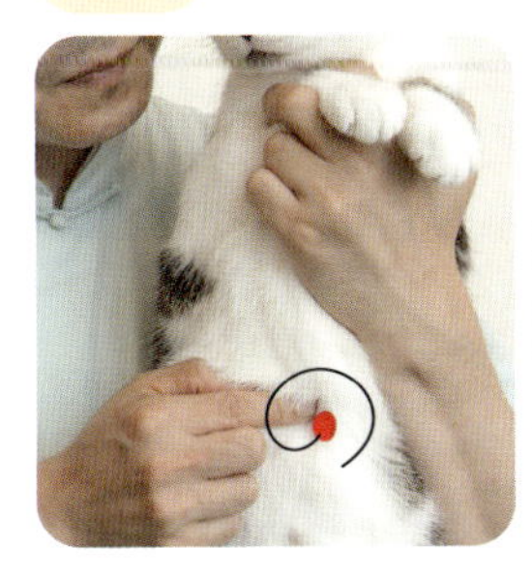

みぞおちとへその間、ちょうど胃の上あたりにあるツボが「中脘」。「の」の字マッサージを6〜10秒間行うことで胃を丈夫にし、食欲をコントロールするといわれます。

猫下部尿路疾患（ねこかぶにょうろしっかん）

猫がなりやすい病気の代表格、猫下部尿路疾患。尿結石や膀胱炎などの、オシッコの病気の総称です。一度なると再発しやすいので、ツボ押しで病気を予防しましょう。

百会（ひゃくえ）……排尿を促進

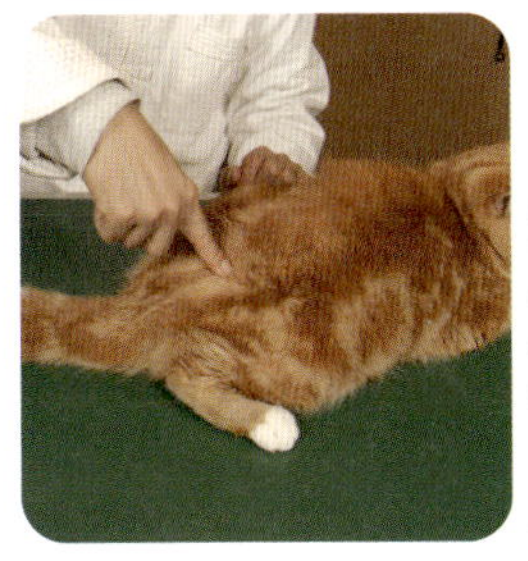

腰骨の一番広いところで、一番深く指が入る部分が「百会」。排尿促進効果があるといわれ、残尿感の改善が期待できます。6秒を6〜10セット指圧。綿棒を使っても◎。

足三里（あしさんり）……水分代謝を活発に

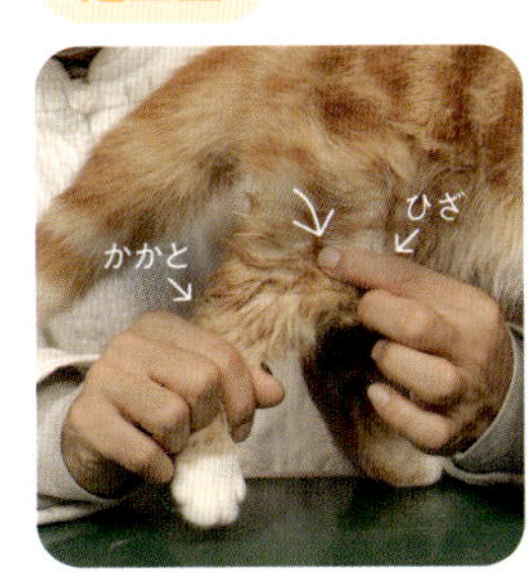

後ろ足の外側、かかととひざを結んだ線上の、ひざ側4分の1のところにあるくぼみが「足三里」。水分代謝を活発にする効果があるとされます。外側と内側からはさんで6〜10回マッサージ。

ストレス解消

現代の飼い猫は、ストレスを感じていることも。猫がイライラとしている様子のときは、リラックス効果が期待できるツボ押しを試してみて。猫の様子を見ながら行いましょう。

攅竹（さんちく）……ストレスを軽減

両目の上にある「攅竹」というツボを親指と人さし指で6〜10秒ゆっくりと押します。緊張を和らげたり、ストレスを解消する効果が期待できます。

液門（えきもん） 神門（じんもん）……心を落ち着かせる

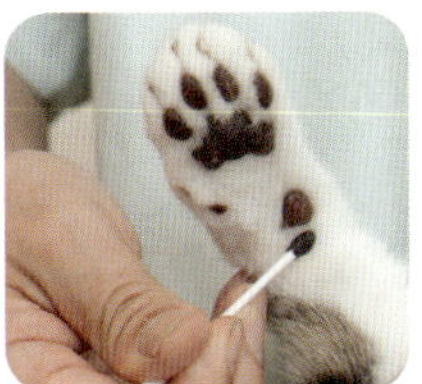

前足の薬指と小指のつけ根の間にある「液門」、離れた場所にある肉球の下の「神門」は、心を落ち着かせるとされるツボ。左右各6秒を6〜10セット綿棒で押します。

困ったことをしたときのしつけ方

猫のしつけは、叱ってはダメ。効き目がないうえに、
猫との関係を悪化させることにもなりかねません。
ここでは、困った行動別にじょうずなしつけ方をお教えします。

猫を叱っても効果はなし

猫はいやがらせやイタズラのために、困った行動をするわけではありません。「やっちゃダメ」といくら叱られても、猫には言葉の意味は理解できませんし、本能に忠実な猫がそれをやめることは難しいのです。猫は悪いことをしているつもりではない、ということを常に頭に入れて、飼い主さんが冷静に対処するようにしましょう。

よくある間違ったしつけ方

声を出して叱る

名前を呼んで困った行動をやめさせようとしても、呼べば反応はするかもしれませんが「この行動をやめたほうがいい」とまではわかりません。また、「ダメ!」などと大きな声を出して叱る方法も、猫は言葉の意味が理解できないので、効果がありません。

ケージに入れる

罰としてケージやキャリーを使うと、ふだんそれらを使うときにいやがるようになります。

怖い顔でにらむ

猫には、人間の細かな表情の区別がつかないため、効果がありません。

ぶつ・ぶつふりをする

ぶてば困った行動はなくなるかもしれませんが、飼い主さんを怖がるようになり猫との信頼関係にヒビが入ります。一度でもぶたれたことのある猫は、ぶつふりだけでも恐怖を感じます。逆にぶたれたことのない猫にぶつふりをしても何とも思いません。

1 乗ってほしくないところに乗る

猫に叱っても通じない。させない工夫をしましょう

猫の困った行動を「コラッ!」などという言葉でやめさせようとしても、猫には「やってはいけない」という意味は伝わりません。かえって猫と飼い主さんの信頼関係が壊れてしまう可能性もあります。猫のイタズラに対しては、猫にその行動を「させない」工夫が大切です。それでもやってしまったときは、叱るのではなく、さりげなく猫の気をそらせて、別のことに関心を向かせるようにしましょう。

正解 気をそらしながら楽しい経験を

猫がテーブルに乗ろうとしたら、いつもは使わないダミ声を出して猫の気をひき、下りてきたらごほうびに遊んであげます。

NG 家族間で違う対応はダメ

対応が家族によってバラバラなのはダメ。猫は、その行動がよいことなのか悪いことなのか、わからなくなってしまいます。

対策 しつけでは猫自身に「もうしたくない」と思わせることが大切。
自動的にいやなことが起こったと猫に思わせる「天罰方式」の対策をご紹介します。

入ってほしくないところに両面テープを貼る

入ってほしくない場所に両面テープを貼りましょう。猫は肉球に触れたベタベタした感触を不快に感じて、そこに入るのをいやがるようになります。

物が落ちるなどのしかけを作る

乗ってほしくない場所に、大きな音を立てて落ちるもの(コインを入れた缶など)を置いたり、乗ったら足もとが崩れ落ちるなどのしかけを作りましょう。猫にとっては飼い主さんと悪いことが結びつかず、猫との関係が悪くなることもないのでおすすめです。

霧吹きで水をかける

困った行動をしたその瞬間に水をかけて驚かせます。飼い主さんがやったとわからないように、背後などから狙いましょう。酢を水で5〜10倍程度に薄めたものなら、なお効果ありです。

2 かむ・ひっかく

理由はさまざま。理由に応じた対応を

猫がかんだりひっかいたりするのは、獲物を捕まえるために必要な、肉食動物ならではの本能的な行動です。そのため、その行動自体をやめさせることは難しいですが、その対象が人にならないよう対処することは可能です。猫が人をかむ理由はいろいろあり、対策も理由によって変える必要があります。かまれてしまったときの飼い主さんの反応のしかたも重要なので、慌てずに対処できるようになりましょう。

正解 かまれたら静かにいなくなる

騒がずに、ふだんは使わないダミ声を出して猫の気をそらし、静かに部屋を出ます。かんでもいいことがないと猫に学習させて。

NG 大声を出したり叩くのは逆効果

大声を出したり手足を振りまわして騒ぐと、猫は遊んでもらえたと誤解することがあります。体罰は猫との関係を悪くするのでダメ。

対策 猫がかむ理由はいろいろあり、その理由によって対策が違ってきます。まずは、かむ理由を見極めることが大切です。

遊んでいるときにかむ

特に子猫は、遊びに夢中になりすぎてかんでしまうことが多いもの。人の手足で遊ばせているとかみグセがついてしまいます。遊ぶときは必ずおもちゃを使いましょう。

✕

○

歩いているときにかむ

普通に歩いているだけでも、猫にとってはテンポよく動く獲物のように見えてしまい、狩猟本能がそそられてしまうのです。かまれても騒がず、相手にしないこと。おもちゃで遊ぶ時間を増やせば、足に飛びつくことも減らせるでしょう。

なでているときにかむ

猫の気持ちよくない部分だったのかも。特に腰からしっぽにかけてはいやがる猫もいるので注意して。

猫が気持ちいいなで方は94ページへ

お手入れしているときにかむ

体の自由を奪われる恐怖が原因。お手入れは猫がいやがる前に済ませ、いやがったら深追いしないこと。

くわしくは111ページへ

何もしていないのにかむ

運動不足などの欲求不満や、のら猫に窓の外から威かくされたストレスなど、さまざまな原因が考えられます。猫の欲求を満たしてあげましょう。

3 早朝に起こされる

一度でも要求に負けると味をしめてしまう！

朝早くからごはんを欲しがって騒ぐ猫は、過去の経験から、騒げばごはんがもらえると学習しているのでしょう。猫はある行動で一度よい経験をすると味をしめ、その行動をくり返すようになります。飼い主さんが早朝に起こされて困るのなら、猫の要求には決して応えないこと。一度起きてごはんをあげたのに、その後にあげなくなってしまったら、騒ぎ方がさらにエスカレートしてしまうかもしれません。

正解 ノーリアクションが正解！

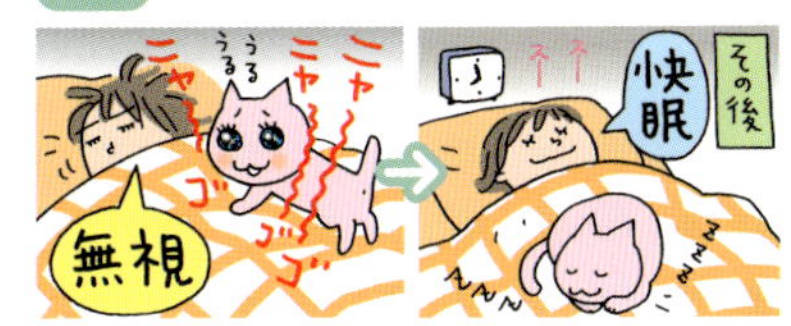

ごはんをせがまれてもとにかく相手にしないこと。飼い主さんのリアクションがなければ、そのうち猫もあきらめます。

NG 起きてあげるのは猫の思うツボ

一度でも起きてごはんをあげたら、猫は自分の要求が通ったことを学習して、毎朝起こすようになってしまいます。

対策 猫からのおねだりをすべて無視したほうがよいわけではありません。飼い主さんが困ることでなければ、おねだりに応えてあげることも大切です。

困ったおねだりには頑として応えない

早朝にごはんをもらいたくて鳴いたり、ドアを開けてほしくて鳴いたりといった要求に一度でも応えてしまうと、「そうすれば飼い主さんは要求を聞いてくれる」と、猫は学習してしまいます。困ったおねだりは頑として受けつけないように無視し続けるほかありません。猫が「これだけやっても応えてくれない」とあきらめるまで、応えないようにしましょう。

猫にとって当然の要求なら要求される前に応えてあげる

いっしょに遊んでほしい、なでてほしい、トイレをきれいにしてほしい、というような飼い猫にとって当然のおねだりであれば、常に満たしてあげるようにしましょう。どんな要求も聞いてもらえないとなると、猫は飼い主さんに対して心を閉ざしてしまうかもしれません。また、猫が要求してくる前におもちゃで遊んだり、かまったりして、猫とのコミュニケーションをじょうずに取りましょう。

4 病院に行くのをいやがる

キャリーに慣れさせてストレスを減らそう

猫が見知らぬ場所を怖がるのは当然。ましてや病院では注射など痛い思いをするので、嫌いになってもしかたありません。しかし、できるだけストレスがないように連れて行く工夫をするのが飼い主さんの務め。それにはまず、病院に連れて行くときに入れるキャリーバッグに入ることに慣れさせましょう。ふだんからキャリーバッグを部屋に出しておき、病院に連れて行くときもさっとスムーズに部屋から持ち出せるようにしましょう。

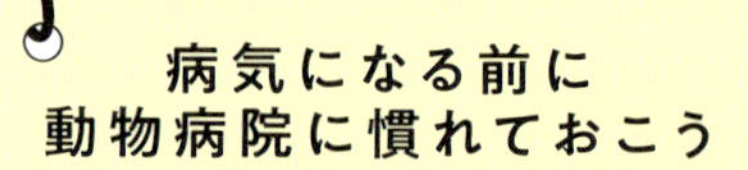

病気になる前に動物病院に慣れておこう

一度動物病院をいやな場所だと感じてしまうと、なかなか認識を変えられません。注射など猫にとって苦痛に感じる治療をするときだけでなく、軽い健康診断などでたびたび動物病院に行き、病院の雰囲気や先生に慣れさせましょう。

対策 キャリーバッグをいやがる猫を追いかけ回して捕まえるのはNG。ふだんからキャリーバッグに慣れさせておけば、猫のストレスも減らせます。

キャリーバッグをハウスにして慣れさせる

ふだんから中で食事を与えたり、ベッドとして使うとよいでしょう。隠れ場所や寝場所になれば、病院へ行くときも猫が安心できます。

中に好きな毛布やおもちゃを入れる

お気に入りの毛布やおもちゃなどで誘導してみましょう。お気に入りの毛布などが入っていると、通院のときも猫が中でリラックスしやすくなります。

それでもキャリーバッグに慣れないときは?

洗濯ネットに入れて連れて行く

洗濯ネットに包まれていると、全身が守られている安心感で落ち着く猫が多いよう。何かの拍子にキャリーバッグが開いてしまっても逃亡を防ぐことができ、診察中に暴れても逃げられないのでおすすめです。

上開きのものに入れる

上開きのキャリーは、中に入ったまま診察してもらうこともできるので、診察台や診察室の雰囲気におびえてしまう猫には特におすすめです。

5 人に触れられるのをいやがる

猫が触ってほしそうなときを見極める

猫は「触ってほしいときに触られる」のが好きなもの。また、触られるのが好きな猫でも、「もういや」と思うまでしつこくされたら、触られるのが嫌いになってしまいます。コツは、猫がいやがる前にやめ、「もっと触って」と思わせること。

対策 触られるのを好きにするためには、猫がいやがる前に触るのをやめたり、「触られた後にいいことがある」と思わせるのがポイント！

猫の限界サインを知る

目を閉じ、耳が前を向いていたら猫の機嫌がいい証拠。飼い主さんになでられるまま、気持ちよさそうにします。

しっぽを左右に振りはじめるのはイライラの初期段階。なでている手をとめ、開放してあげましょう。

「シャー！」と鳴いて威かくしたら完全にアウト。猫の我慢は限界です。なでられるのが嫌いになってしまいます。

怒

もっと触って！と思わせる

触られると気持ちのよい部分をゆっくりなで、いやがられる前にやめます。そして時間をおいて、また少しなでます。手をゆっくり動かすのがポイント。

触った後でごほうびをあげる

触った後に猫の好物をあげたり、遊んであげるのは、効果的です。

6 盗み食いをする

猫が盗み食いできないような環境を作ることが大切

食べ物を棚などにしまっていても、自分で開けてしまう猫もいます。猫が絶対に届かない場所に食べ物を移すなど、飼い主さんが徹底的に管理を。

対策 キャットフードや猫用おやつならまだしも、人間の食べ物のなかには猫が食べると危険なものも。日ごろから盗み食い対策を徹底しましょう。

空のフード袋をわざと見つけさせる

保管してあるフードを盗み食いする猫には、いつもの場所に空のフード袋だけを置き、探してもないことを学習させて。

食事は別室で与える

人間の食事中、こっそりとお皿を狙ったり、しつこくおねだりする場合は、食事中は割り切って猫を別室に移動させましょう。

手の届かないところにしまう

自分で扉や引き出しを開けてしまう猫には、ストッパーをつけて対策を。ゴミ箱をあさる場合は、ふたつきのゴミ箱に替えましょう。

7 布を食べる

本能的な欲求が満たされていないのかも

猫が布を食べるのは、繊維質が食べたい、何かをかみたいという欲求が満たされていないからともいわれます。大量に食べてしまうと開腹手術が必要になることもあるので、食べさせない工夫をしましょう。かみごたえのあるフードをあげると改善することもあります。

対策 異物を少しでも飲み込まないような対策をしましょう。

猫が食べてしまうものを片づける

猫がハンカチや靴下、タオルなどを食べてしまうということは、飼い主さんがそれらを部屋に放置しているということ。猫が届かない場所に片づけることが一番の対策です。

いやがるにおいをつける

特定の布に執着する場合は、柑橘類などの猫がいやがるにおいや味を、あらかじめつけておく方法もあります。

布を誤食してしまったら157ページへ

8 ブラッシングや爪切りをいやがる

根気よく時間をかけて慣らそう

お手入れのときに暴れていやがるのは、お手入れのしかたに問題があるのかも。無理やりされたり、痛い思いをした可能性があります。のんびりとリラックスしているときを狙い、段階を踏んで少しずつ慣らしていきましょう。

爪切りに慣らすコツ

足に触ることに慣らす

猫が気持ちいいと感じる場所をゆっくりとなでながら、足にも優しく触れてみます。リラックスしているときに、4本の足すべてに触りましょう。

爪を出すことに慣らす

猫が足に触られるのに慣れてきたら、次は指を上下からそっとにぎって、1本ずつ爪を出すことに慣らしていきましょう。

少しずつ切っていく

全部いっぺんに切ろうとせず、最初は1本だけ、というように少しずつ切っていくのがコツ。ササッと手短かに終わらせる技術を身につけましょう。

爪切りのしかたは84ページへ

ブラッシングに慣らすコツ

なでられることに慣らす

まずはなでられるのに慣らすことからスタートです。猫がリラックスしているときに気持ちいいと思うポイントを探しながら、ゆっくりとなでましょう。

猫がリラックスしているときにそっとブラッシング

最初はブラシをスッと数回通すことから始めます。慣れてきたら頭だけ、背中だけ、というように少しずつブラッシングに慣れさせて。

ブラッシングのしかたは70ページへ

ほめて、困った行動をやめさせよう！

ほめて覚えさせる

猫はほめて学習させるのが大切です。叱るばかりではなく、例えば、いてもいい場所にいるときは「いい子！えらい！」というつもりで、なるべくかまって、ほめてあげるようにしましょう。

ほめ方にもメリハリを

愛猫が何で一番喜ぶのかを知っておけば、とっておきのほめ方ができるようになります。特別にほめてあげるときのため、「一番いいこと」をとっておくようにすると、ほめ方にもメリハリがつき効果的です。

猫の気持ちをくみ取ろう

猫が何を考えているのか、知りたくありませんか？
気持ちを読み取って、愛猫ともっと親密になりましょう！

猫の本当の気持ちをくみ取ってあげよう

猫にも感情があります。ただしそれは、人間のように複雑なものではありません。猫にとって一番大切なのは、今の状況が「安全」か「危険」か。居心地がよくて、危険そうな相手がいなくて、おなかも満たされていたら文句なしに「安全」。反対に、落ち着かない環境で、おなかも空いていて、不安を感じる相手がいたら「危険」です。
猫の気持ちは、いろいろなところに表れます。瞳や耳、しっぽなど体の一部分をはじめ、全身の姿勢、しぐさ、鳴き声など。ただし、同じようなしぐさや鳴き声でも、そのときの状況によって意味が違ってくることもあります。愛猫をよく観察して、本当の気持ちをくみ取ってあげましょう。

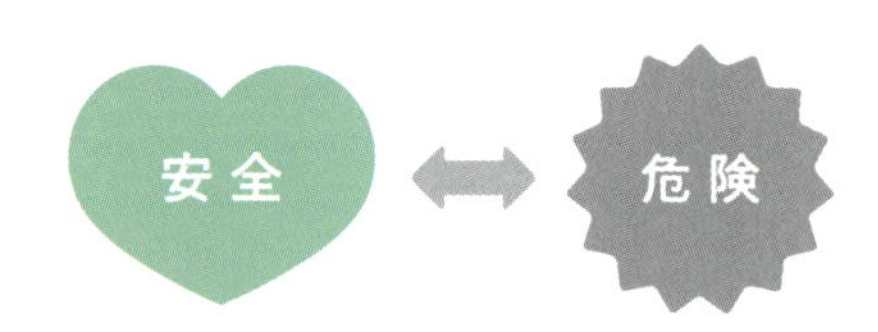

猫の感情の基準は「安全」か「危険」か。自分の身を守れるかどうかが一番重要なのです。

猫が全身で発しているあなたへのメッセージをくみ取ってあげましょう。

瞳

猫の瞳は明るさだけでなく気持ちによっても変わる！

猫の瞳の大きさ（瞳孔）は、まわりが明るいときは細く、暗いときは大きくなりますが、明るさ以外にも、感情の変化によっても変わります。まわりの明るさが変わっていないのに瞳孔が変化したら、気持ちが変化した証拠です。

明るい

攻撃的・不機嫌

機嫌が悪いときや、「コイツを攻撃してやろうか」という強気の気分のときには、瞳孔は細くなり、鋭く相手を見つめます。いざ攻撃する瞬間には興奮するため、瞳孔は大きく広がります。

平静・満足

強気と弱気のどちらでもない、安定した気持ちのときは、猫の瞳孔は中くらいの大きさ。じっと見つめると、少しだけ大きくなったり小さくなったりをくり返していることがわかります。

驚き・興味

何かに驚いたり、怖がったり、「おやっ？」という感じで興味をもったりしたときは、興奮のため瞳孔が大きく広がります。相手をよく観察するため、このように大きく広がるといわれています。

ラブラブ光線テスト

猫の気持ちは瞳に表れます。猫があなたをどう感じているかがかんたんにわかるテストを紹介します。

1
猫が甘えた感じで近寄ってきたとき、至近距離で目線を合わせて見つめ合います。

2
猫が目をそらさず、猫の瞳孔が少しだけ大きくなったり小さくなったりをくり返していたら、猫はあなたのことを親密に感じている証拠です。

表情

耳の向きや目の開き具合など、ささいな変化に注目して！

猫をよく観察すると、いろいろな表情を見せてくれます。特に、さまざまな変化が見られるのは耳。大きな耳を前に向けたり、後ろに伏せたりとよく動きます。ヒゲの動きにも注目。緊張すると口もとにも力が入るため、ヒゲがピンと張ります。

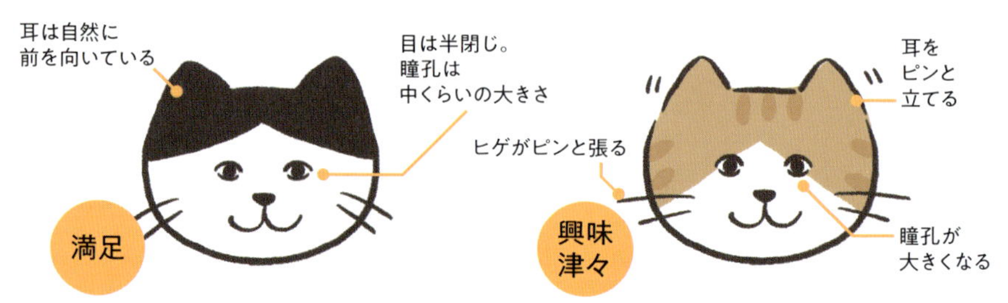

機嫌がいいとき。瞳孔は中くらいの大きさで、まぶたを細めてトロンとしたような表情になります。顔に力が入っていないので、耳やヒゲは自然な状態です。

耳をピンと立てているのは、ひとつももらさず音を拾おうとしている状態。興味を引かれたものをよく観察するため、瞳孔は大きく広がり、まぶたもパッチリと見開かれます。

耳をピクピク動かすのは、まわりの情報を集めようと思っている証拠。甘えていいのか、警戒するべきか、迷っている状態です。瞳孔は変化しません。

顔に力が入って、耳はやや後ろに引きぎみになり、ヒゲが前を向きます。相手に対して強気でいるので、瞳孔は細くなり、鋭く相手を見つめます。

耳を後ろに伏せたときは弱気の表れ。恐怖のため瞳孔が大きく広がり、これからどうなってしまうのか、不安な気持ちで相手をじっと見つめます。

恐怖の状態がさらに進むと、「シャーッ！」と威かくの声を発しながらキバをむきます。強気でいるようですが、内心はひどくおびえている状態です。

猫は痛いという表情をしない

猫は喜びや怒り、恐怖は表情に表れますが、痛みを感じているときは表情に出ません。野生の動物は、ケガなどで弱っている姿を見せるとすぐに敵に狙われてしまうので、その名残なのかもしれません。ふだんから猫の様子をチェックして、いち早く気づけるようにしましょう。

鳴き声

鳴き声から気持ちをくみ取ろう

猫の鳴き声の意味は、大きく分けて2つ。親しい相手に「こっちにおいで」と呼びかける声と、敵に向かって「あっちへ行け！」と遠ざけようとする声です。ただし、同じ鳴き方でも状況などによって微妙に意味は変わるため、鳴いたときの状況や表情なども含めて気持ちをくみ取りましょう。

ニャオ

＝

ねえ、○○して！

猫のもっともポピュラーな鳴き方。飼い主さんを母猫のように思い「ごはんちょうだい」「遊ぼうよ〜」などと甘えておねだりする呼びかけです。高く鳴いたり、長く伸ばしたり、バリエーションは豊富。

＝

やあ！オッス！

人間でいえば「やあ」や「オッス」といった、軽いあいさつ。親しい相手にあいさつをするときにこのような鳴き方をします。飼い主さんに対してや、親しい猫に対してよく聞かれます。

＝

気持ちいいよ〜
ねえ、○○してよ！
具合が悪いよ

機嫌がいいときのほか、「ごはんちょうだい」「遊んで」などのおねだりのときにものどを鳴らします。また、不思議なことに、具合が悪いときにもゴロゴロいうので、状況を確認してくみ取りましょう。

＝

ソワソワするよ〜

発情期を迎えると、猫はオスもメスも落ち着かなくなり、大きな声で鳴いて相手を探します。異性に自分をアピールする声ですが、オスどうしでは相手をけん制する意味もあります。

＝

捕まえたいのに！

この声を出すときはたいてい窓の外をじっと見ているはず。小鳥などを実際には捕まえられないというジレンマから、この声が出るよう。「ケケケケ」「カカカカ」などと聞こえることも。

＝

あっちへ行け！

相手を威かくして、遠ざけようとする声。強気なようですが、実は怖がっていて、「近づくな！」「俺は強いんだぞ！」と強がっている状態。その証拠に耳が倒れていたり、腰が引けていたりするはずです。

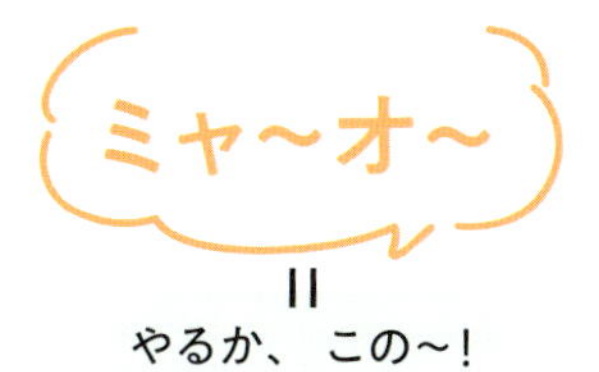

＝

やるか、この〜！

猫どうしがにらみ合い、いよいよケンカが始まるときにこのような声で相手を威かくします。人間なら「やるかぁ〜、やんのかぁ〜」といった感じ。これから始まるケンカに勢いをつけているのです。

＝

やめてよ！痛いよ！

ケンカの最中に相手にかみつかれたり、人間にしっぽを踏まれたりなど、激しい苦痛や恐怖を感じたときに、大声で鳴いて相手に「やめてよ！」「痛いよ！」と訴えます。

鳴いたときの
シチュエーションも
読み取るポイント！

姿勢

気持ちによって さまざまに 体の姿勢が変わる

猫のしなやかな体は、地面に四つ足をつけて立っている姿だけでも、さまざまなバリエーションを見せます。基本的に、猫は強気の気分のときは体を高く、弱気の気分のときは体を低くします。これは猫のボディーランゲージ。体を高く大きく見せて「俺は強いんだ。ケンカしないほうが身のためだ」と相手を圧倒したり、逆に小さく見せて「弱いんだから攻撃しないで」というメッセージを送っているのです。

強気半分・弱気半分などのときは、下半身は高く、上半身は低いという、複雑な姿勢になることもあります。

不安要素がなく、安心した状態のとき。しっぽは自然にたれ、背中はまっすぐ、耳も自然に前を向いています。

平常心と恐怖の中間の状態で、少し恐怖心が出ている状態。相手を上目遣いでうかがいながら、頭を引いて体を低くし、逃げようかどうしようか迷っているところでしょう。

恐怖がひどくなると体を小さくしてほとんどうずくまった状態になります。逃げるきっかけを探しています。

腰が上がって片耳が横を向いているのは攻撃心がやや強くなっている状態。ただ、しっぽを見ると機嫌はさほど悪くありません。

攻撃・威圧

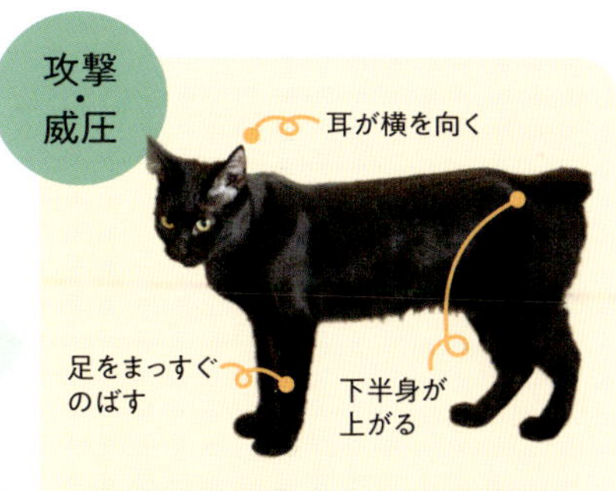

腰を高めに上げ、体を大きく見せます。堂々とした姿勢を見せて、相手を圧倒します。耳は横を向きます。

危険なものに出会って、警戒し、腰が引けている状態。背中はまだ曲がっていないので、平常心を保っています。

目線から、攻撃しようとする相手が目の前の地面にいる状態のよう。この後、前足で攻撃をするか、かみつくなどの行動に出るでしょう。

ちょうど上と下の中間の状態。威かくしようと体を高く上げていますが、上半身はそれほど低くなっていないので、おびえはひどくありません。相手の出方を待っています。

恐怖が徐々に増し、相手に対してだいぶ弱気になっている状態。姿勢を低くして頭を下げ、近づくのをためらっています。急に逃げだしてしまうかもしれません。

毛を逆立てて相手を威かくしています。腰の上げ方がまだそれほどではないので、極端におびえた状態ではありません。

おびえ・威かく

攻撃する気はあれど内心はおびえているため、下半身は高く、上半身は低いという複雑な姿勢。相手に体を大きく見せるため、体を横向きにします。

上半身は低く、下半身がやや上がった状態。相手の出方をじっと見て、小さくなるか思いきり威かくするか、迷っている状態です。

しっぽはウソをつけない！気持ちが正直に表れるパーツ

人間にはない部分、しっぽ。ここには、猫の気持ちが正直に表れます。体はじっとしていても、しっぽだけがパタパタと動いている猫の姿を見たことがありませんか？これは気持ちが揺れ動いているとき。しっぽだけは気持ちの揺れを隠せないのです。気持ちのたかぶりや変化が大きいほど、しっぽも大きく動き、ちょっとした気持ちの変化のときは、しっぽもちょっとだけ動きます。怒ったときには毛が逆立ってぶわっと広がることも。

しっぽの短い猫やカギしっぽの猫は、しっぽの長い猫と比べると動きは少ないですが、よく観察するとやはりいろいろな動きをして気持ちを表しています。

しっぽをピンと上に立てている

子猫のように甘えたい

このしっぽのかたちは親愛の情のしるし。もともとは子猫のとき、母猫におしりをなめてもらっていたポーズですが、それがいつしか母猫のように親しみを感じている相手へのポーズとして定着したのです。子猫のようにあなたに甘えたいのかもしれません。

しっぽを立てて近づいてきたときは、あなたを母猫のように思って甘えている証拠。

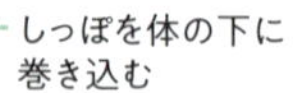

相手に恐怖を感じている

強い敵に会ってしまったときや、雷がゴロゴロ鳴り響いているときなど、どうしようもない恐怖におびえたとき、しっぽを体の下に巻き込みます。足の間に挟むのは、強い相手に対しては自分を弱く見せて、見逃してもらおうとする猫の本能の表れです。

しっぽを自分にぴったりくっつけているのも警戒しているときです。

ケンカをふっかけるつもり

しっぽの先だけが下を向き、「U」を逆さにしたような形のときは、相手を威かくしたり、ケンカをふっかけようとしているとき。子猫のきょうだいなど親しい間柄の猫どうしの場合は、「追いかけっこして遊ぼう」のサインになります。

なかまの猫に逆Uの字形のしっぽを見せて遊びに誘います。

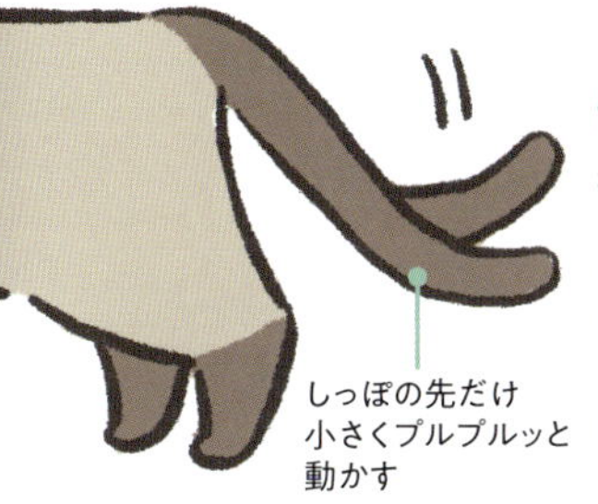

何かを見つけた興奮で動く

獲物になる小動物など、何か気になるものを見つけたとき、猫はしっぽの先だけをプルプルッと小さく動かします。見つけた興奮が思わずしっぽに出るのです。ただし、気になる相手に気づかれて逃げられないように、しっぽの動きはあくまでわずかです。

獲物を見つけたとき、思わずしっぽの先が動きます。興奮している様子が伝わります。

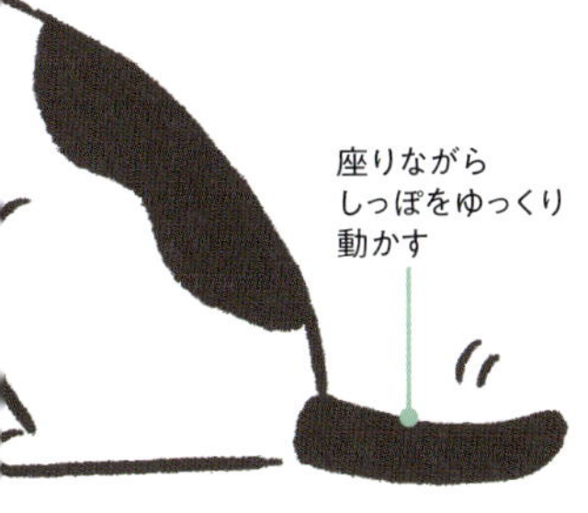

少～し気になるものを観察

何かを見つめながらゆっくりとしっぽだけを動かしているのは、気になっているものを観察しているところ。気になるけれど、まだ行動に移すほどではない、といったような気持ちです。気持ちの揺れがしっぽだけに表れているのです。

名前を呼んだとき、しっぽだけパタパタと動かす猫もいます。

イライラした気持ちの表れ

ブンブンと大きくしっぽを振るのは、イライラしている証拠です。犬のように喜んでいる感情ではありません。顔も緊張した表情になっているはず。不機嫌になって、攻撃が始まるかもしれません。イライラの原因を取り除いてあげましょう。

抱っこしたときしっぽをブンブン振ったら離してあげて。

しぐさ 行動

猫の不思議な行動には いろいろな気持ちが隠されている!

猫と暮らしていると、「どうしてこんなことをするの?」と思うことがたくさんあるはず。気になる行動やしぐさに隠されている気持ちを探っていきましょう。

新聞や雑誌を読んでいると上に乗って邪魔をする

「ねえ、 何してるの?遊ぼうよ!」

在宅勤務中などパソコンやスマートフォンを操作しているところに、猫が目の前に割り込んでくることがあります。この行動は、邪魔をしようとしているわけではありません。猫には飼い主さんが仕事をしていることは理解できませんから、「ただじっとしている」ようにしか見えないのです。自分のことを忘れているかのような飼い主さんの態度に、「どうしたの? わたしはここにいるよ〜」と自分の存在をアピールしているのです。こちらをじっと見ているのは、飼い主さんの反応を待っている証拠。猫はかまわれすぎるのもいやですが、わすれられているのもいや、という動物なのです。

指を差し出すと鼻をくっつける

「においを嗅いで 確認してるんだ」

仲のよい猫どうしは出会ったとき、鼻と鼻をくっつけてお互いのにおいを確認しあいます。これが猫流のあいさつ、「鼻キッス」。飼い主さんが指を差し出したり、顔を近づけたときも、この猫流のあいさつをしてくれます。飼い主さんのにおいを確認して安心しているのです。

箱やカゴの中に入りたがる

「なぜか安心して くつろげるんだ」

猫は野生時代、木の洞などの狭い場所を寝床にしていました。その名残りで、猫は今でも狭い場所が大好き。箱やカゴがあれば、ついつい入ってくつろいでしまうのです。なかには体がはみ出すほど小さな箱やカゴに無理やり入っている猫もいますが、これは子猫のときに同じものに入っていたことがあるせい。大きくなっても「コレには入れる」と思い込んでいて、思いっきりはみ出していても、当の猫は「入ったつもり」になっているのです。

フードに砂をかけるしぐさをする

「ちょっと今食べたくないから 隠しておいて後で食べよう」

これも野生時代の習性の名残り。「今は食べたくない」という気持ちのときに、野生のころのスイッチがなぜか入り、「埋めて隠しておこう」と思ってしまうようです。「こんなの食べられな〜い」と言っているわけではありませんのでご安心を。

前足でもむようなしぐさをする

「ママのおっぱいを 思い出しちゃった」

子猫は母猫のお乳を飲むとき、お乳が出やすいように、前足でお乳をもみながら飲みます。この習性が残っていて、眠くなってきたときや安心して心地よいときなど、お乳を飲んでいたのと同じような状況のときに、このしぐさが出るのです。

虫を捕まえて持ってくる

「はらぺこでしょ？よしよし大丈夫、食べ物あげるよ。はい、どうぞ」

虫やトカゲなど、猫からのありがたくないプレゼント……。このとき猫は、あなたのお世話をかいがいしくしている気持ちになっています。猫はなぜかあなたのことを「まだ狩りができない子猫」と思って、あなたに食べ物を運んできているのです。その気持ちだけありがたく受け取っておきましょう。

叱ると目をそらす

「怖いな、争い事は避けたいよ」

飼い主さんのいつもと違う怖い雰囲気は、猫には「威かく」のように映ります。威かくしてきている相手と目を合わせるのは、猫にとってはケンカを買うことを意味するので、争い事が起きないように、必死で目をそらしているのです。

トイレする前やした後に大興奮して走り回る

「よっしゃ！　気合い入れるぞ！」

野生時代、猫は寝床から離れた場所をトイレにし、ある程度の距離を移動して排せつしていました。つまり、トイレに行くことは、途中で敵に遭ってしまうかもしれない危険をはらんでいたのです。そのため、トイレに行くときは「よっしゃ！　行くぞ！」という気合いが必要だったわけ。現代の猫にもその本能が残っていて、排せつする前や後はテンションが自然に上がって走り回ってしまうのです。

おなかを見せてころがる

「ねえねえ、 遊んで〜！」

飼い主さんの前で自分からゴロンと寝ころんでおなかを見せるのは、遊びに誘っているサイン。前足で「来い来い」と誘うようなしぐさをすることもあります。ところが、飼い主さんがなでている途中でおなかを見せてきたときは、意味が変わります。これは、拒否の気持ちの表れ。「しつこいな、もうやめてよね」と言っているのです。同じおなかを見せるしぐさでも、シチュエーションによって意味がまったく違うので不思議ですね。

泣いていると心配してくれる

「いつもと様子が違うぞ？ 気になるからチェックしなきゃ」

残念ながら、人が悲しんでいることは猫にはわかりません。ただ、「なんかいつもと違う」とは感じていて、様子を確かめるためにそばにいるのが「心配している」ように見えるのです。涙をなめる猫もいますが、これは「キラキラした水が出てくる！」と驚いてなめているだけです。

あらぬ方向をじっと見つめている

「遠くから音が聴こえるぞ！」

猫が何もない壁の一点や宙をじーっと見つめながら固まっていることがあります。これは、「人には見えない何かを見ている姿」ではありません。「聴いて」いるのです。猫の聴力は人よりはるかに優れているため、人には聴こえない音をじっと耳を澄ませて聴いているのでしょう。

寝姿

寝姿にも猫の気持ちは表れる。愛猫の寝姿を観察してみよう

猫の寝姿はまわりの気温(暑い・寒い)によって変わりますが、気持ちによっても変化します。不安があったり警戒しているときは、足を下につけたまま、すぐに動ける状態で眠ります。逆に、安心しているときはおなかをさらけだした無防備な寝姿に。このように、寝姿からも猫の気持ちは読み取ることができるのです。

警戒

安心

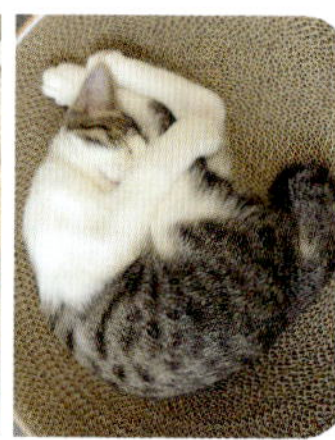

足裏をつけたまま丸まる

丸まって眠るのは、寒いとき。推定気温は15℃以下です。左のように、足裏を床にしっかりとつけたまま体を丸めて眠るのは、警戒しているときです。右の猫は足がすぐに立ち上がれる状態ではないので、警戒心はありません。

香箱座りで眠る

足を体の下に畳んで入れる「香箱座り(こうばこずわり)」をして、眠ることがあります。この寝姿は、もしものときにすぐに動くことができないので、安心しているときの寝姿です。気温は若干低め。

体を丸めておなかを見せる

だんだん暖かくなってくると、寝姿もゆるゆるとほどけてきます。推定気温は18℃以上。体を丸めつつおなかを見せているのは、安心感がある証拠。警戒心はほとんどないようです。

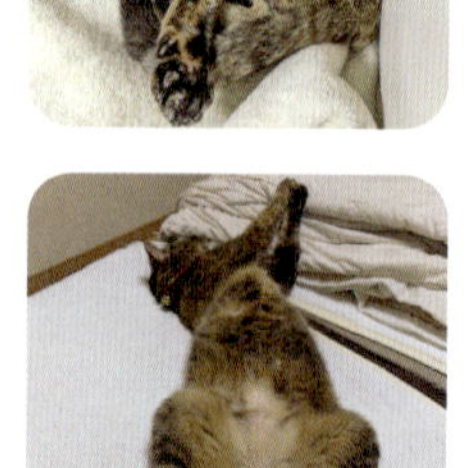

おなかを全開で警戒心ゼロ

おなかを全開にして寝ているのは、暑いとき、もしくは完全に安心しきっているとき。野生の猫ではなかなか見られない、無防備な寝姿です。推定気温は22℃以上。ぽかぽか陽気でぐっすりのようです。

Part 5

病気・ケガを防いで健康に

かわいい愛猫の健康を守れるのは飼い主さんだけ。
病気やケガは考えたくないものですが、
いざというときのために正しい知識を持ち、
慌てず冷静に対処することが大切です。

室内飼いで病気・ケガを防ぐ

猫と暮らすうえで、完全室内飼いは基本中の基本。
飼い主さんが室内飼いの大切さを意識することで、
病気やケガなど、猫に及ぶさまざまな危険を防いであげましょう。

外は危険がいっぱい。 室内飼いを徹底しよう

「猫を室内に閉じ込めておくのは、猫がかわいそう」と思う飼い主さんもいるかもしれません。しかし、それは人間の思い込み。猫にとって屋外は、リスクが高くとても危険な場所なのです。猫の死因の多くは、感染症や事故です。代表的な感染症には、猫免疫不全ウイルス感染症(猫エイズ)や猫白血病ウイルス感染症(猫白血病)などがありますが、これらは主に、感染しているのら猫と出会ってケンカをしたときに、傷口からウイルスが入ることでうつります。

さらに、外に出ると交通事故に遭う、家に戻れなくなるなどの危険も出てきます。まずは飼い主さんが、猫を外に出すことによって起こるこのようなリスクを、理解することが大切です。

飼い主さんがのら猫に触ることで感染症のウイルスが服などにつき、ウイルスを家の中に持ち込むこともあります。

屋外で遭うハプニングの例

交通事故

道路に飛び出して、交通事故に遭う危険があります。無事だったとしても、目立った外傷がないだけかもしれないので、脱走した際には状態確認を。

交通事故の応急手当は155ページへ

迷子

外に出てしまったら、迷子になってしまう可能性があります。迷子になっている間に、交通事故に遭ったりほかの猫とケンカをしてケガをしたりすることも。迷子になったら、まずは自宅周辺の捜索を。それと同時に、保健所や動物愛護センターなどに連絡しましょう。

詳しくは129ページへ

有毒な動物に遭遇

外にはヒキガエルなど、猫が接触すると呼吸困難や麻痺、けいれんなどが起こる生き物もいます。また、ノミやダニに寄生されてしまうことも。室内飼いでも、症状が見られたらすぐに病院へ行きましょう。

外を知らなければ外に出たがらない!!

猫がじっと窓の外を見ている姿を見て、飼い主さんは「外に出たいのかな?」と思うかもしれません。でも、そんな心配は無用です。なぜなら、完全室内飼いの猫にとって、なわばりは室内だけだから。猫はなわばりの外に出たいとは基本的に思いません。ただし、一度でも外に出たことがあると話は別です。一度外に出た猫は、外も自分のなわばりだと認識し、くり返し出たがるようになってしまいます。大事なのは、「一度も外に出さないこと」です。

猫を外に出していると罰せられることも!?

法律や条例によって、猫の完全室内飼いが推奨されています。飼い猫がよその庭でオシッコやウンチをしたり、うるさく鳴いたりして近隣の方々に迷惑をかけたり、損害を与えた場合は、損害賠償を請求されても文句はいえません。

外を眺めているのは猫の暇つぶし。なわばり(家の中)に入ってくる侵入者などがいないか見ているだけです。

脱走防止策

猫は一度外に出てしまうとずっと出たがるようになるもの。ここでは、2大脱走経路である「玄関」と「窓」に使える、猫を脱走させないための対策を伝授します!!

玄関前に柵をつける

玄関から出たがる猫には、柵が効果的。市販のラティスフェンスやベビーゲートならかんたんに設置可能。猫が突破できない高さで、登りにくいツルツルした素材のものを選んで。

窓に柵を取りつける

前足を使って器用に窓を開けようとする猫には、部屋の窓にホームセンターなどで売られている格子状のフェンスを取りつける方法が◎。日当たりや風通しを邪魔しないので、おすすめです。

ドアを開けたときは大きめのバッグでガード

玄関のドアを開けたときに飼い主さんの足もとからスルリと猫が脱走するというのはよくあるパターン。ドアを開けるときには手持ちの大きめのバッグで、自分の足とドアのすき間をガードするようにしましょう。

網戸用ストッパーを利用する

網戸は軽いので、猫はかんたんに開けてしまいます。夏場に窓を開ける場合は、網戸にもカギをつけましょう。ホームセンターなどで網戸用ストッパーが販売されているので、利用するとよいでしょう。

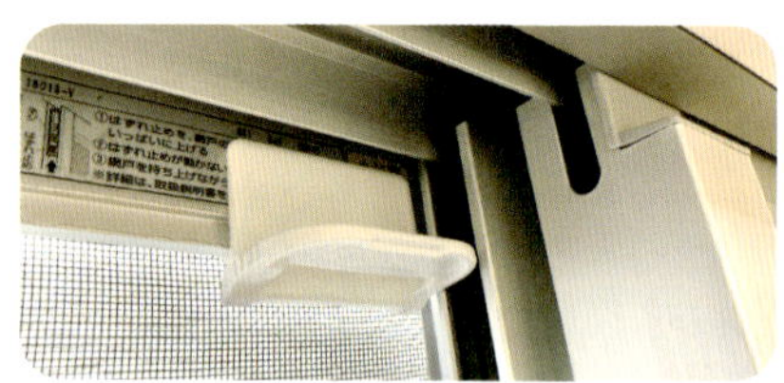

網戸ストッパーは、防犯用や幼児のイタズラ対策用としてホームセンターなどで売られています。

室内での思わぬケガにも注意！

屋外だけでなく、室内にもケガの危険は潜んでいます。例えば、感電。猫が電化製品のコードでじゃれたり、かじったりしたときに感電してしまうことがあります。最悪の場合、ショック死してしまうこともあるので、コードにカバーをつけるなど、猫が口に入れられないように対策をしましょう。また、浴室への出入りを自由にしていると、浴槽で猫がおぼれてしまうこともあるので注意して。室内の事故も、飼い主さんがしっかり対策をしましょう。

コードにじゃれて遊ばないよう、対策を。

にゃるほどコラム

迷子になったらどうする？

室内飼いの猫でも、脱走して迷子になるおそれはあります。
愛猫が迷子になったら、まずは慌てずに下記の対処を。
また、迷子札をつけておくなど、
迷子になってしまったときの対策も必ずしておきましょう。

猫がいなくなったら周辺を捜索するのが基本

室内飼いの猫にとって、家の外は未知の世界。何かの拍子に家を飛び出してしまうと、例え家の近くでも迷子になってしまうことがあります。猫がいなくなったら、慌てず下記を参考に捜索を開始してください。また、猫が見つかったときは、体調に異変がないか獣医さんに診てもらいましょう。

POINT

迷子札やマイクロチップをつけておくと安心

万が一愛猫が迷子になってしまったときのために、必ず迷子札をつけておきましょう。迷子札には、飼い主さんの名前と住所、電話番号、猫の名前を記入し、首輪から下げます。また、その猫の情報がデータで読み取れるマイクロチップは、動物病院で皮下に注入するため紛失しないのが利点です。

いなくなった場所を徹底的に探す

完全室内飼いの猫の場合、知らない場所におびえ、物陰に隠れている場合がほとんど。まずは周辺の物陰を徹底的に探して。昼間に探して見つからなければ、夜にもう一度探してみましょう。また、捜索に行くときは、キャリーバッグや猫の好物を持っていくとよいでしょう。

保健所などに連絡する

周辺を探しても見つからなければ、事故や故意な連れ去り、あるいはどこかに保護されていることも考えられます。周辺の動物病院や、保健所、動物愛護センターなどに問い合わせましょう。

チラシを作って周囲に呼びかける

動物病院やスーパーなど、人目につきやすい場所にチラシを貼らせてもらえるよう頼みましょう。

チラシの作り方

- 猫の写真
- いなくなった場所と日時
- 猫の名前、年齢、性別、外見的特徴など
- お礼について
- 連絡先（切り離せるものを下に作る）

よい動物病院を見つけよう

大切な愛猫をまかせるのだから、ホームドクターは慎重に選びたいところ。信頼できる動物病院を選び、じょうずにつき合って、愛猫の健康をしっかり守りましょう。

信頼できるホームドクターを探そう

同じ動物病院を受診しても、よい病院と感じるかどうかは人それぞれ。何に重点をおいてよい病院と判断をするか、明確な判断基準をもつことが、病院を選ぶときには大切です。また、飼い主さんが「この病院は信頼できる」と思わなければ、治療は成り立ちません。下のヒントを参考に、「信頼関係を築く努力」をしている病院かどうか見極めてください。もちろん、信頼関係を築く努力は飼い主さん側にも求められます。定期的に病院へ通うなどして、十分にコミュニケーションを取りましょう。

よい動物病院探しのヒント

- 電話での対応がよい
- 異臭などがなく、清潔
- これから行う治療をわかりやすく説明してくれる
- 診察費についての質問にも納得いく説明をしてくれる
- 病気の話だけでなく、飼育相談にも応じてくれる
- 時間外の診察についても考えてくれている
- セカンドオピニオンに賛成してくれる　など

健康診断や爪切りでふだんからおつき合いを

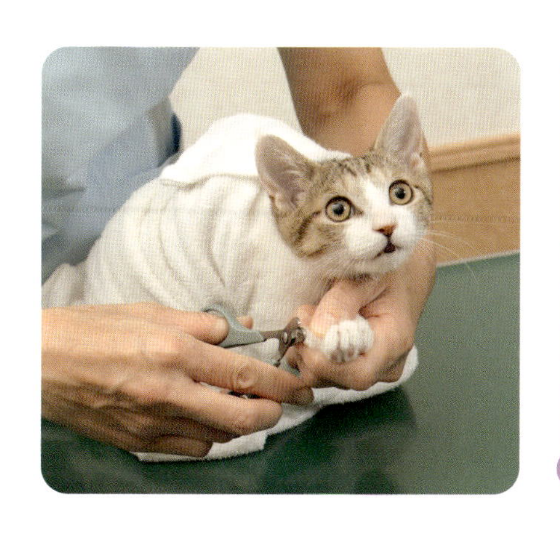

治療には信頼関係が必要不可欠。ですが、猫が病気になってはじめて動物病院に行くのでは、獣医さんと信頼関係が築けるまで、不安な気持ちで通院することになるかもしれません。まずは猫が健康なときに爪切りや健康診断などで病院を訪れ、自分が納得できる「よい動物病院」を探しておくようにしましょう。

時間やマナーを守って動物病院に行こう

動物病院では、猫は緊張を強いられているもの。病院に行くと決めたら、猫へのストレスが少なくてすむように事前に電話をかけ、混雑していない時間に行きましょう。待合室では、猫の逃亡や病気の感染を防ぐために、キャリーバッグから出さないのがマナーです。また、診察の際に獣医さんにうまく情報を伝えられるよう、あらかじめ伝えたいことをメモしておくと安心です。ふだんの暮らしぶりや、いつから具合が悪いのかなどの情報が診察に役立ちます。

動物病院へ行く時に気をつけたいこと

逃亡・感染対策をする

猫がパニックになって逃げ出さないように、また院内での感染を防ぐために、指示があるまではキャリーバッグから猫を出さないようにしましょう。逃走防止のため、全身を洗濯ネットに入れておくのもおすすめ。体が包まれることで安心感があり、落ち着く猫が多いそう。

メモを持参する

食事量や排せつの回数など、ふだんから猫の様子をメモしておき、診察のときに獣医さんへ伝えましょう。

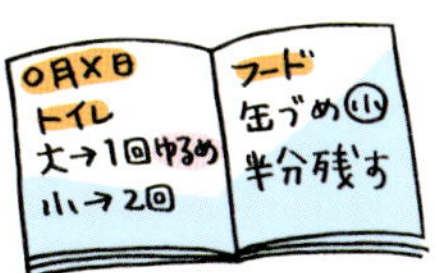

POINT

夜間診療を受けるときの注意

夜中に愛猫の具合が悪くなったときのため、夜間診療についてあらかじめかかりつけの獣医さんと相談しておきましょう。時間外の緊急連絡先を教えてもらったり、夜間診療を受け入れてくれる病院を紹介してもらっておくと安心。夜間診療を受ける際は、行く前に必ず電話をかけ、事前に病院に受け入れ態勢を整えてもらいます。かかりつけ以外の病院に行った場合は、猫の症状が治まっていても、翌日に必ずかかりつけの病院に行き診察を受けましょう。

健康診断を受けよう

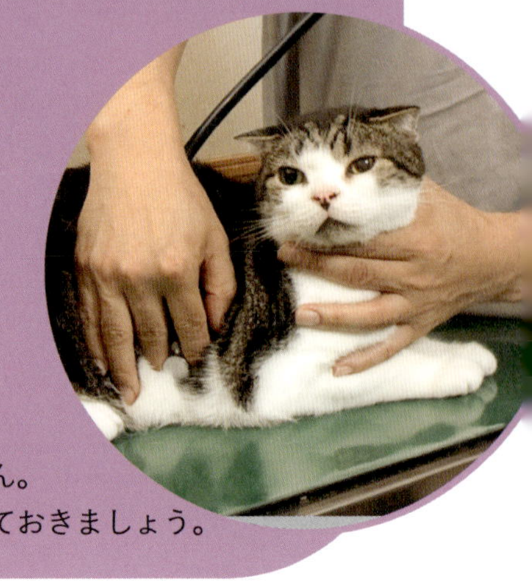

愛猫に健康で長生きしてもらうためには、
定期的な健康診断とワクチン接種が欠かせません。
なぜ必要なのか、いつ受ければいいのかを知っておきましょう。

猫の健康を守る健康診断

動物は体に不調があっても、それを隠そうとします。野生では、弱っているところを見せるのは敵に狙われやすく不利だからです。そのため、飼い主さんが愛猫の不調に気づいたときには、すでに症状が悪化していることがほとんど。健康そうに見えていても、定期的に健康診断を受けることが大切です。少なくとも7歳未満の成猫は1年に1回、7歳以上の老猫は半年に1回は受けましょう。もちろん、持病があったり、病弱な場合はこれより頻繁に受ける必要があります。また、健康診断にはさまざまな検査があるので、どの検査を受けるかは獣医さんと相談して決めましょう。

オシッコ・ウンチ検査も受けよう

自宅で採取して病院に持っていけば、かんたんに検査できるのがオシッコ・ウンチ検査。
慢性腎不全、尿路結石、寄生虫の有無など、さまざまな病気がわかります。

オシッコ

雑菌がなるべく入らないように採尿しよう！

自宅でオシッコを採り、採尿から3時間以内に病院に持っていきましょう。すぐに持っていけない場合は、冷蔵庫で保管してください。また、病院で膀胱から直接採尿する方法もあります。

水をはじくペットシーツの裏面や空のトイレにオシッコさせると尿がたまるので、スポイトなどの容器に入れて保管を。

ウンチ

採ったら新鮮なうちに持っていこう！

毎日のトイレ掃除で、硬さやにおい、寄生虫の有無などを確認し、いつもと違うと思ったらなるべく早く検便＆受診をしましょう。水分が失われないようにタッパーやビニール袋などに入れて、排便後3時間以内に病院へ。難しい場合は、病院で採便することも可能です。

健康診断の種類

どの検査を受けるかは飼い主さんの判断です。猫の年齢や体の状態に合わせて、獣医さんと相談して決めましょう。

触診・聴診・問診

基本の診断です。触診では、目、耳、鼻、口からリンパ節のはれ、骨格やおなか、毛並みなど体のすみずみまでチェックします。聴診では、心音、肺音、脈拍などを確認します。問診では飼い主さんが猫の健康状態について答えます。飼い主さんしかわからないことなので、ふだんから猫の状態をチェックしておくことが大切です。

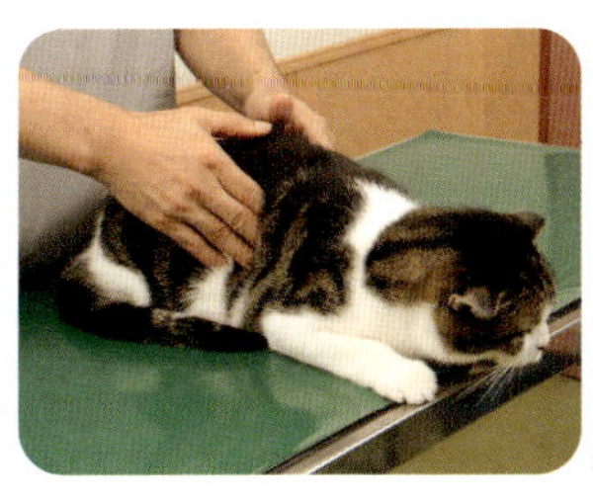

健康なときのデータをとっておいて、獣医さんに伝えると診察に役立ちます。

眼科検診

目の眼圧を測る眼圧検査や、涙の分泌量を調べる涙量検査などをして、緑内障や白内障などになっていないかをチェックします。

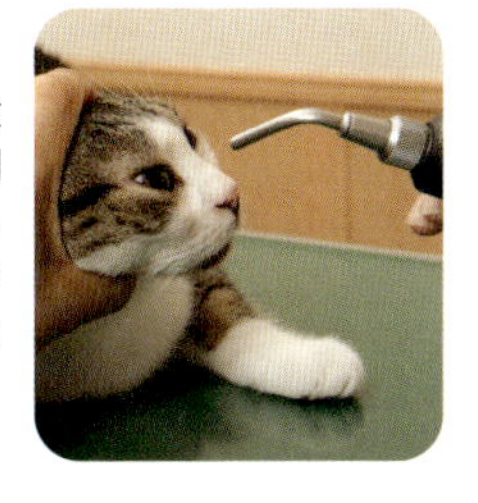

血液検査

ホルモン異常や内臓の異常、貧血などがわかります。また、猫エイズや猫白血病などの感染症にかかっていないかも調べられます。

歯科検診

歯肉炎、口内炎、歯の動揺がないか調べます。動揺がなくても、根元が炎症を起こしていることも。頭部のレントゲンで歯根部を確認することもあります。

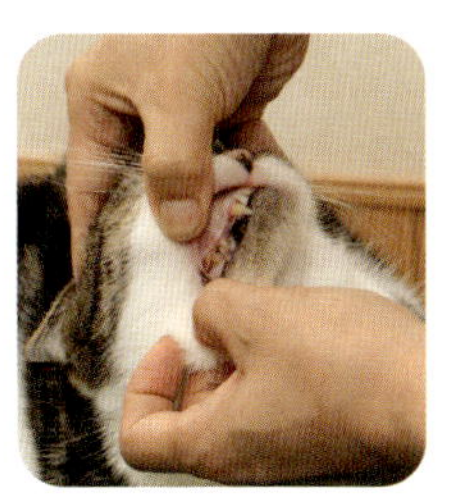

レントゲン検査

X線を使って体の内部を撮影します。骨の状態、心臓・肺・消化器・泌尿生殖器の異常を調べます。

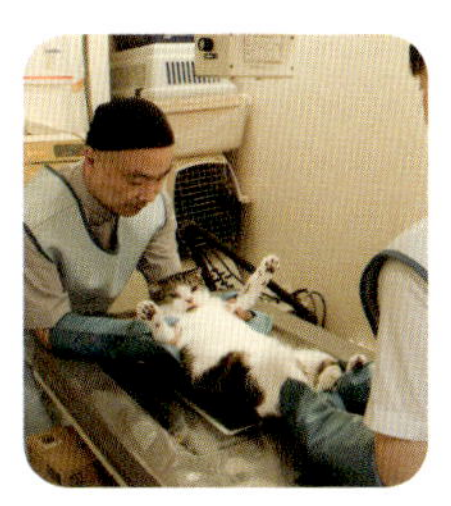

心電図検査

心臓は動くために電気信号を発しています。その電気信号を記録したものが、心電図です。心電図では、脈拍数や不整脈、心肥大の兆候がないかなどをチェックします。猫には特有の心臓疾患が多く、若い猫でも発症する危険があります。

超音波検査

臓器の内部の状態を調べます。各臓器の腫瘍の有無や、腫瘍がある場合にはその進行度もわかります。

麻酔が必要な検査も！

CT、MRI検査や内視鏡検査をするときは、全身麻酔をかけます。全身麻酔は、猫に少なからず負担をかけてしまうため、事前に十分な体調のチェックが必要になります。検査にかかるリスクとメリットをよく獣医さんと相談して、受ける検査を決めましょう。

ワクチン接種をしよう

室内飼いでも、ワクチン接種は必須！
感染症から愛猫を守るためにも受けるようにしましょう。

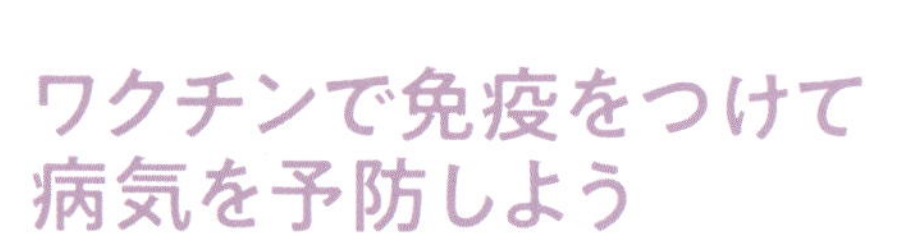

ワクチンで免疫をつけて病気を予防しよう

完全室内飼いだからといって、感染症にかからないわけではありません。猫が脱走した、飼い主さんが病原体を外からもち込んだ、などが原因で、かかる危険があります。右ページの表の感染症は、どれも命に関わることもある恐ろしい病気ですが、あらかじめワクチンを接種しておけば、高い確率で予防することができます。ワクチンでできた抗体は1年で減り始めるため、1年に1回接種しましょう。

ワクチンを受ける時期の目安

1回目	生後2か月までに
2回目	生後3か月
3回目	生後4か月
以降	1年に1回

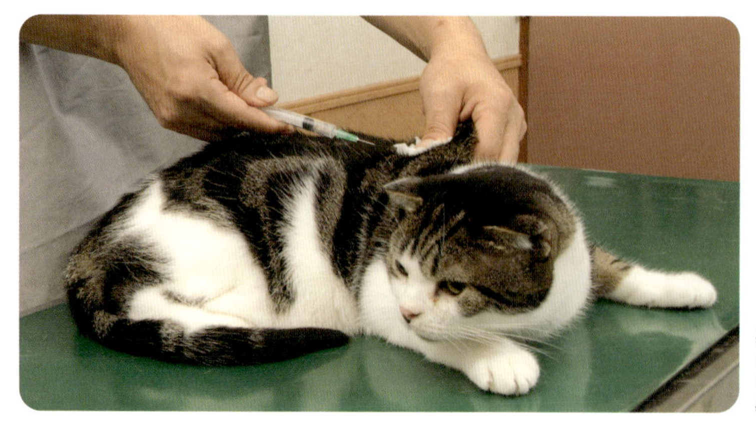

感染症はどれも怖い病気。愛猫のためにも予防接種は必須です。

ワクチンで予防できる病気

病名	3種	5種	6種	7種	単独	感染経路と症状
猫ウイルス性鼻気管炎（猫風邪）	○	○	○	○		感染猫と接触したとき、くしゃみなどで飛び散った唾液や鼻水から感染。症状はくしゃみ、鼻水、目やに、発熱など。
猫カリシウイルス感染症（猫風邪）	○	○	○（3種）*	○（3種）*		感染経路は上と同様。症状も似ているが、進行すると口内炎や舌炎ができるのが特徴。急性の肺炎を起こし、死に至ることも。
猫汎白血球減少症	○	○	○	○		症状は激しい嘔吐、発熱、下痢、白血球の減少など。抵抗力が落ち急激に衰弱することで、命を落とす危険もある。
猫白血病ウイルス感染症（猫白血病）		○	○	○	○	感染猫とケンカしたときの傷口から感染することが多い。症状は、貧血、ほかの感染症の悪化など。発病すると回復しない。
クラミジア感染症（猫風邪）		○		○		クラミジアが目や鼻などから侵入して粘膜に炎症を起こす。結膜炎の症状がひどいのが特徴。肺炎を起こすこともある。
猫免疫不全ウイルス感染症（猫エイズ）					○	感染猫とケンカしたときの傷口から感染することが多い。初期症状が治まり、数年経過して発病。発病すると回復しない。

*「猫カリシウイルス感染症（猫風邪）」のウイルスは数種類あり、6・7種の混合ワクチンは、そのうちの3種類に効果があります。

ワクチン接種しても完全には防げない

ワクチンを接種しても、感染症を100%防げるわけではありません。だからといってワクチン接種をしなければ、感染症にかかるリスクは高くなり、猫につらい思いをさせてしまうかもしれません。ワクチンは感染症を高い確率で予防することができるので、きちんと接種しましょう。

ノミ・ダニ予防をしよう

家の中で生活していても、ノミやダニがつくリスクがあるのでノミ・ダニ予防することをおすすめします。脱走したときや災害から避難するときにも安心です。

室内飼いでも、ノミやダニがつくことがある

室内で生活するから予防する必要はないと考えていませんか？　室内飼いでも、ノミやダニがつく可能性は十分にあります。
ノミは血を吸って繁殖する生きものです。繁殖ペースは高く、1～2日で20～30個産卵するといわれていて、猫につけば体についたノミを駆虫するだけでなく、家もくまなく掃除しなければ、完全に駆虫することはできません。

マダニが媒介する「重症熱性血小板減少症候群(SFTS)」という感染症にかかるリスクもあります。人にも感染するウイルスで致死率が高く、猫は60～70%、人は6～30%の確率で死亡する可能性があります。こうしたリスクから猫や飼い主さん自身を守るためにも、ノミ・ダニ予防をしたほうがよいといえるでしょう。

重症熱性血小板減少症候群(SFTS)は147ページへ

	ノミ	マダニ
大きさ	1.5~3mm	1~5mm
生息地域	日本全国	山、庭、畑、野生動物が出没する場所など
繁殖時期	7~9月（環境がよいと冬でも繁殖する）	5~8月
症状	かゆみ、発疹、皮膚炎など	血を吸われているときは、自覚症状がほとんどない
媒介するもの	瓜実条虫（うりざねじょうちゅう）（内部寄生虫）	SFTS（重症熱性血小板減少症候群）、ダニ媒介性脳炎　など

ノミ・ダニがつく原因

外に出る

家から脱走して屋外に出たときに、野外にいるノミやダニがつくことがあります。

ほかの動物に接触する

ペットホテルに預けたときや災害時の避難所の飼育スペースなどで、ノミやダニがついている動物と接触したときには、ついてしまう可能性があります。

ノミやダニは、10年経っても生きていることがあります。たとえば、賃貸住宅に引っ越したときに、前の居住者のときに入り込んでしまったノミやダニが残っていれば、猫についてしまうこともあります。

人が持ち込む

飼い主さんや来訪者の衣服に、ノミ・ダニがついてきてしまうこともあります。

1年を通してノミ・ダニ予防をしよう

ノミ・ダニの予防をするなら、かかりつけの動物病院に相談してみましょう。病院によって取り扱う薬はさまざまですが、経口摂取するタイプや首にたらすタイプなどがあり、いずれもノミ・ダニだけでなく、寄生虫や耳ダニなどにも効果があるオールインワンタイプが主流です。1～3か月間、効果が続きます。薬によって効果が持続する期間が異なるので、獣医さんに相談しながら1年を通してノミ・ダニ予防をしましょう。

ノミが媒介する内部寄生虫に注意！

体の外側につくノミやダニを「外部寄生虫」といい、ノミなどが媒介する体内に入り込む寄生虫を「内部寄生虫」といいます。ノミは、瓜実条虫（サナダムシの一種）という内部寄生虫を媒介します。寄生されると、瓜実条虫が肛門を出入りするときにかゆくなるため、おしりをこすりつけるなどの症状が出ます。消化管に寄生すると、嘔吐や下痢、体重減少などが起こります。まれに、人にも寄生するので要注意です。

ノミやダニがついたら、すぐに病院へ

猫の体にノミやダニがついているのを見つけたら、駆虫しようとせず、動物病院で診てもらいましょう。また、部屋の中をくまなく掃除する必要があります。ラグやカーテンなどあらゆるところにいる可能性があるので、業者に依頼してすみずみまで駆虫してもらうのも一手です。

脱走した際には、ノミやダニがついている可能性が高いので、健康チェックもふくめて動物病院で診てもらうとよいかもしれません。

避妊・去勢手術を受けよう

猫は年に数回発情期を迎え、交尾をすれば高い確率で妊娠します。去勢・避妊をすれば困った行動がなくなったり、特有の病気を予防することにもつながります。

1歳までに手術を受けよう

個体差がありますが、オスは生後5〜10か月、メスは生後4〜9か月で最初の発情期を迎え、その後は年に数回発情期を迎えます。発情中はそわそわと落ち着きがなくなり、異性を探すために外に出たがるようになるため、交通事故に遭う危険や外で病気に感染してしまう危険が増えます。また、困った行動をしたり性格が安定しなくなったりすることも。去勢・避妊手術は強制ではありませんが、これらを防げるメリットもあるので行ったほうがよい、というのが一般的な考え方です。ただし、手術を受ける時期が遅いとスプレーなどの行動が残ることがあります。手術を受ける際は、まずは動物病院で相談してみましょう。

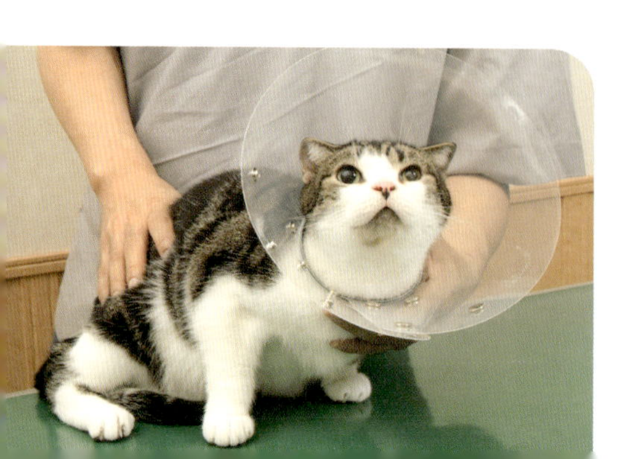

去勢・避妊手術を受ける時期

生後６か月までの子猫	● 体力があまりないので、手術による負担が大きい。 ● この時期に手術をすると、その後の成長に多少影響があると考えられる。
ここがベスト 生後６か月〜1歳の子猫	● 体が成長し、体力が十分にあるので、手術による負担が少ない。 ● 発情期を迎える前に受ければ、発情期特有の行動をすることは基本的に一生ない。 ● この時期に手術を受けた猫は、生殖器系の病気の発病率がもっとも低い。
1〜7歳の成猫	● 体力的には問題ないが、一度でも発情を迎えた後だと、手術をしてもスプレーなどの行動が残ることがある。
7歳以上の老猫	● 体力が衰えているので、手術による負担が大きい。 ● 生殖器系の病気の疑いがあれば、手術をするメリットはある。

手術は危険じゃないの？

手術では、オスは睾丸、メスは卵巣と子宮、または卵巣だけを摘出します。あらかじめ血液検査などの術前検査をして健康状態をしっかりチェックすれば、危険はほとんどありません。手術の前に獣医さんからの指示があるので、きちんと守りましょう。

避妊・去勢手術のメリット

生殖器系の病気を防げる

メスの場合、子宮や卵巣の病気のほか、性ホルモンが関係する乳がんなどの発病率を低くすることができます。オスの場合は、性衝動が抑えられれば、猫エイズなどのウイルスをもったオス猫とケンカして、傷口から感染するリスクを減らすことができます。

困った行動を防げる

手術をすると、外にも聞こえるほどの大声で鳴く、壁や家具に向かってスプレー(マーキングのためのオシッコ)をする、オスどうしのケンカが多くなる、外に出たがるなどの行動を防ぐことができます。

性格が穏やかになる

発情中は、ふだんとは違うホルモンが出るため、気持ちが不安定になります。そのため、手術前にくらべると、穏やかな性格になる傾向があります。

去勢・避妊手術の流れ

1～2週間前までに

手術を安全に受けるためには、ワクチン接種や術前検査が欠かせません。手術の1～2週間前までには済ませましょう。

前日

「○時以降絶食」という獣医さんの指示にしたがいましょう。手術中に嘔吐したものが食道に詰まると危険です。

当日

当日は指示された時間に病院に行き猫をあずけます。手術後の家での過ごし方などは、獣医さんの指示にしたがって。

1週間後

手術から約1週間後に、傷口の治り具合を確認します。完全に閉じて状態がよさそうなら抜糸をします。自然に溶ける糸を使って抜糸を行わない場合もあります。

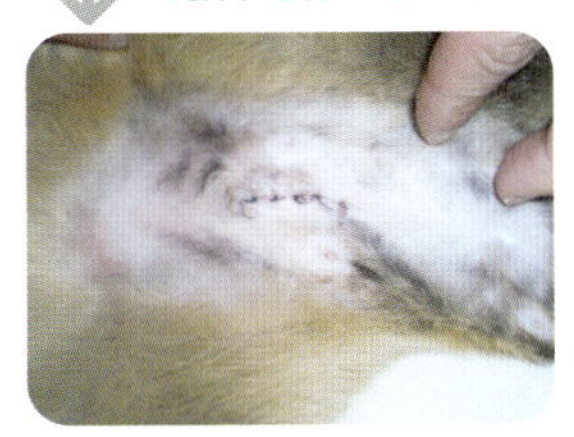

左の写真はメスの避妊手術後の跡。2週間ほどで目立たなくなります。

去勢・避妊手術後は太りやすくなる

手術後は、基礎代謝が減るため太りやすくなるというデメリットもあります。しかし、一般的には、手術するメリットのほうが大きいと考えられています。それは飼い主さんの管理で防げること。食事量の調節や運動で、肥満を予防しましょう。

肥満の予防については158ページへ

手術の跡はきれいに消えるの？

抜糸後、2週間ほど経てば皮膚の傷は見えなくなります。毛が生えてしまえば、毛をかきわけてやっとわかる程度の傷しか残りません。

毎日健康チェックをしよう

猫と穏やかに暮らすために、毎日の健康チェックは欠かせません。ふだんのデータの取り方のほか、行動や外見から猫の健康状態を読み取れるようにしましょう。

病気の早期発見にはふだんの猫の状態をよく知ることが大切

愛猫には毎日健康に過ごしてほしいもの。些細な不調のサインを見逃さないためにも、日ごろからよく猫の様子を観察し、ふだんの状態をきちんと把握するように心がけましょう。そのためには健康なときに病院で健康診断を受けて、データを取っておくのがおすすめ。右のようなデータは自宅でも取れます。

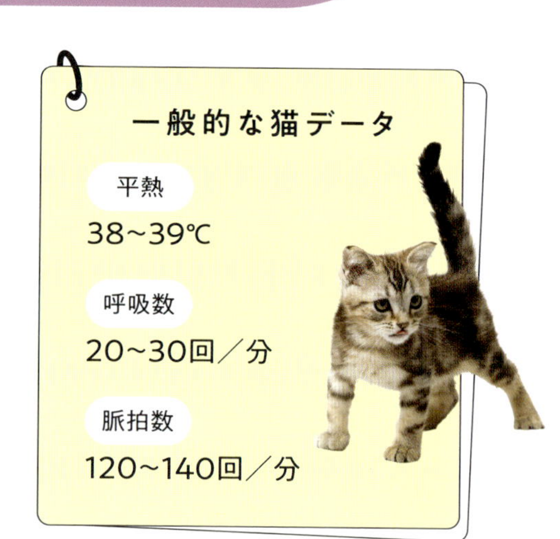

猫の体のデータを取ろう！

体重

猫を抱っこして体重計に乗り、その体重から人の体重を引いて量ります。

体温

耳の入り口に挿入して計るタイプの体温計が、かんたんに計れておすすめ。

脈拍数

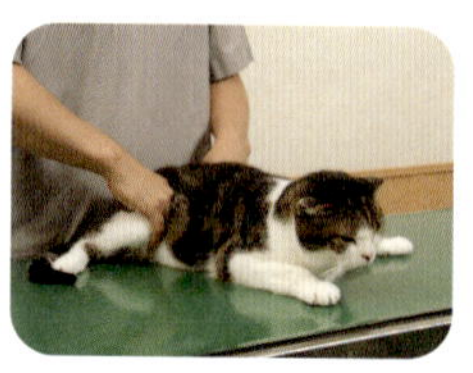

太ももの内側に手をあてて、脈拍を15秒間計り、その数に4をかけます。

呼吸数

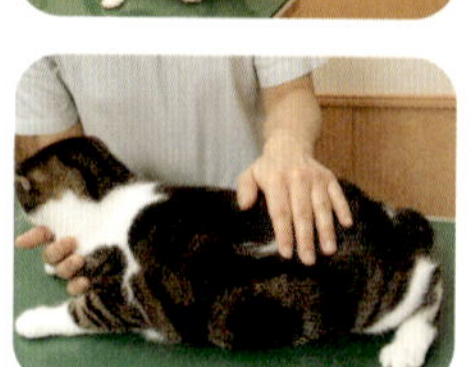

胸やおなかに手をあて、上下の動きを15秒間計り、その数に4をかけます。

行動＆ボディチェックで異変に気づこう

猫は言葉を話さないので、体調が悪くなったり、どこか痛かったりしても、体の不調を飼い主さんに訴えることができません。病気やケガから救ってあげられるのは、飼い主さんしかいないのです。病気のサインは体や行動のさまざまな部分に現れます。毎日必ずボディチェックをし、いつもと違う様子がないかを確認しましょう。見てチェックするだけではなく、コミュニケーションをしながら、猫を抱っこしたり、なでるなどして、必ず触って確認することが大切。異変に気づいたときは、なるべく早く動物病院で診察してもらいましょう。

毎日チェックすること

食欲

食欲が極端に増減したときは病気の疑い。注意して様子を見ましょう。

排せつ

色、におい、量、回数など、ふだんの状態を把握しておくことが大切。

行動

体をなめ続けるのはストレスの現れかも。いつもと違うしぐさにも注意。

ボディチェック

しこりや脱毛はないか、触ったときに痛みを訴えて鳴かないかをチェック。

不調のサインはない？

耳

- ▢ 汚れている
- ▢ においがある
- ▢ かゆがる

鼻

- ▢ 鼻水が出る
- ▢ 鼻血が出る
- ▢ くしゃみ
- ▢ 起きているときに鼻が乾いている

胸

- ▢ 呼吸が速い

のど

- ▢ せき
- ▢ 異音
- ▢ リンパのはれ

皮膚

- ▢ ふけが出る
- ▢ かゆがる
- ▢ 脱毛している
- ▢ 傷がある

その他

- ▢ 嘔吐
- ▢ 食欲がない
- ▢ 抱っこをいやがる
- ▢ 体が熱い
- ▢ 水をよく飲む

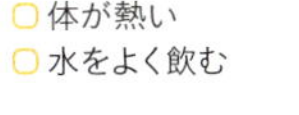

全身

- ▢ けいれんしている

口

- ▢ よだれが出る
- ▢ 口臭がひどい
- ▢ ニキビが出ている
- ▢ 唇がはれている

目

- ▢ 涙が出る
- ▢ 目やにがひどい
- ▢ 瞬膜が出ている
- ▢ 白く濁っている
- ▢ 目をパチパチする

ウンチ・オシッコ

- ▢ 下痢
- ▢ 便秘
- ▢ 頻尿
- ▢ 血尿
- ▢ 排尿しづらい

腹

- ▢ ふくらんでいる
- ▢ しこりがある

猫がかかりやすい病気を知ろう

猫がかかりやすい病気はたくさんの種類があります。怖い病気から愛猫を守るためにも、飼い主さんは正しい知識と予防法を知っておきましょう。

体調が悪そうなときはすぐに動物病院へ！

野生時代、弱っているところを見せるのは敵に狙われる危険があったため、猫には体の不調を隠すという本能があります。そのため、飼い主さんが症状に気づいたときは、すでに病気が進行していることが多いのです。猫の不調に気づいたら、すぐに動物病院へ行きましょう。「様子を見ようかな」といった楽観視は禁物。その後の治療にも関わりますし、何でもないことがわかれば安心することができます。すぐに相談できる、かかりつけ医をもつことも大切です。

また、猫の性別や猫種によって、かかりやすい病気があります。愛猫がかかりやすい病気についての知識を深めるのはもちろん、病気にならないよう、日ごろから予防ケアをすることも飼い主さんの務めです。

POINT

早期発見が早期回復のカギ

病気を早く治すためには、早期発見が大切。病気にはどんな症状があるのかを把握して、少しの異変も見逃さないようにしましょう。早く発見すれば症状も軽く済み、その分早く治すことができます。また、治療費を抑えることにもつながります。

体の不調

腰痛

主な症状 □関節の痛み

概要 加齢や肥満、着地の衝撃などが原因。ジャンプをしなくなる、背中を丸める、背中をなでられるのを嫌がるなどが見られます。

治療&予防 温熱治療のほか、消炎鎮痛剤で痛みを和らげる、関節保護サプリメントを投与するなどで緩和します。高齢の場合は段差を減らす、浅いトイレにするなどで環境改善、肥満の場合はダイエットを行います。

感染症

猫風邪（猫ウイルス性鼻気管炎 猫カリシウイルス感染症 クラミジア感染症）

主な症状 □くしゃみ □鼻水 □目やに □結膜炎 □発熱 □口内炎 など

概要 ウイルスやクラミジアという病原体が原因。猫どうしの接触やくしゃみ、せきによって感染します。複数の猫風邪を併発すると、症状も重くなります。抵抗力がないと死に至ることもあります。

治療&予防 いずれもワクチンで予防できます。感染したら抗生物質やインターフェロンの投与などの治療をします。症状が進むとウイルスが一生体内に残る「キャリア」になることもあるので、完治させることが大切です。

猫免疫不全ウイルス感染症

（猫エイズ）

主な症状 □発熱 □下痢 □口内炎 □リンパ節のはれ など

概要 猫免疫不全ウイルスが原因。感染猫とケンカして傷つくと、そこからウイルスが入り、うつることがほとんど。感染して初期症状が治まった後、数年間の潜伏期間を経て発病します。

治療&予防 発病すると免疫が低下し、回復は不可能。苦痛を軽減する対症療法を行います。感染したまま発病しないことも多く（「キャリア」という）、健康に注意すれば長生きできることもあります。ワクチンで予防が可能。

猫汎白血球減少症

主な症状 □発熱 □食欲不振 □嘔吐 □黄緑色の液体を吐く □血便 など

概要 感染力が非常に強いパルボウイルスが原因。腸などに炎症が起きると白血球が急激に減少します。特に子猫が感染すると、激しい下痢や嘔吐におそわれ、急激に衰弱して命を落とす危険も。

治療&予防 致死率の高い病。インターフェロンによる治療と水分補給や栄養補給を行い、症状を軽減させます。飼い主さんが媒介しないよう、のら猫を触らないなどの注意が必要です。ワクチンで予防が可能。

猫白血病ウイルス感染症

主な症状 □食欲不振 □体重減少 □発熱 □下痢 □貧血 □口内炎 など

概要 猫白血病ウイルスに感染して起こる血液のがん（猫白血病）。リンパ腫や肺炎なども引き起こします。唾液中に多くのウイルスが含まれ、感染猫とのケンカの傷やなめ合うことでうつります。母猫から胎児へも感染。

治療&予防 発病すると回復は不可能。数週間から数年間の潜伏期間の後に発病した場合は対症療法を行い、苦痛を減らしながら進行を遅らせる治療をします。ワクチン接種による予防が基本です。

猫伝染性腹膜炎

主な症状 □食欲不振 □発熱 □貧血 □おなかがふくれる □下痢 など

概要 感染猫の唾液や尿に含まれる猫コロナウイルスが原因。感染力は低いものの、発病するとおなかや胸に水がたまる、致死率が高い病気です。

治療&予防 完治することは不可能。ステロイド剤やインターフェロンを使って症状をやわらげる治療を行います。ワクチンはないので、予防には室内飼いを徹底し、健康管理をしっかりと行うことが大切です。

猫伝染性貧血

（猫ヘモプラズマ感染症）

主な症状 □発熱 □歯ぐきが白い □貧血 □黄疸 □低体温症 など

概要 猫どうしのケンカなどによる傷から、赤血球に寄生するマイコプラズマ・ヘモフェリスという病原体に感染して発症。赤血球が破壊され、強い貧血になります。

治療&予防 抗生物質の投与のほか、貧血症状をやわらげる治療を行います。症状が回復しても病原体は体に残ってしまうので、再発のおそれも。ワクチンはないため、完全室内飼いに徹するほかありません。

泌尿器の病気

慢性腎不全

主な症状 □多飲多尿 □食欲不振 □貧血 □嘔吐 □体重減少 など

概要 加齢やほかの病気の影響により腎臓の組織が徐々に壊れて機能が低下し、正常に働かなくなる病気。初期は無症状のため、気づいたときには末期になっていることも。高齢猫に多い病気。

治療&予防 一度壊れた腎臓の機能は元に戻らないので、完治は不可能。残った腎機能に負担をかけないよう、投薬や食事療法で進行を遅らせます。早期発見できるよう、尿の量や回数を日ごろからチェックしましょう。

猫下部尿路疾患

(膀胱炎)

主な症状 □尿が少しずつしか出ない □血尿 □尿が白濁 □排せつ時に痛がる など

概要 細菌感染し、膀胱が炎症を起こす病気です。尿石症と併発しているケースも多く、結石により傷ついた膀胱が炎症を起こします。結晶などが尿路に詰まり、尿道閉塞に陥ると命の危険も。

治療&予防 早期発見し、抗生物質を投与すれば改善に向かいます。完治せずに長引かせると、薬が効きにくくなることもあります。水を多く飲ませることが予防になります。早期発見のために尿の量や状態をチェックしましょう。

消化器の病気

毛球症

ブラッシングのしかたは70ページへ

主な症状 □嘔吐 □吐き気 □食欲不振 □便秘 など

概要 毛づくろいのときに飲み込んだ毛をうまく排出できず、胃の中でからみ合って大きな塊になってしまう病気。胃腸の働きを阻害し、嘔吐や下痢につながります。吐き気から食欲不振にも陥ります。

治療&予防 日ごろからこまめにブラッシングし、飲み込む毛の量を減らしてあげましょう。飲み込んだ毛を排出しやすくする、繊維質を多く含んだフードやサプリメントを飲むのも◎。水分を多く補給するのも効果的。

肝リピドーシス

主な症状 □食欲不振 □体重減少 □黄疸 など

概要 食欲不振になったあと、肝臓に脂肪が蓄積されて機能が低下する病気です。肥満傾向の猫に多いといわれますが、基礎疾患などが原因でふつう体型の猫にも起こります。

治療&予防 食欲がなくなるので、食道などにチューブを挿入し、流動食を投与して栄養管理をします。肥満が原因の場合は、1日のカロリー摂取量を管理して肥満を防ぎましょう。肥満傾向の猫ならば早めにダイエットを。

膵炎

主な症状 □食欲不振 □腹痛 □発熱 □体重減少 □動きが鈍い など

概要 膵臓から分泌される消化液で臓器や組織などがダメージを受ける病気。多くの場合は、原因が特定できません。急性膵炎と慢性膵炎があり、猫には慢性膵炎が多く見られます。

治療&予防 鎮痛剤や抗炎症剤などの薬を投与します。慢性膵炎の場合は、完治しにくいため長期的な治療が必要です。定期的に健康診断を受け、体重管理やストレスの軽減などで体調を維持して再発に努めましょう。

循環器の病気

心筋症

主な症状 □疲れやすい □運動を嫌う □せき □呼吸が速い □後ろ足の麻痺 など

概要 心臓の筋肉が何らかの原因で厚くなり、心臓の働きが弱くなる病気。血流が悪くなるせいで、後ろ足に血栓が詰まって麻痺することも。

治療&予防 心臓の働きを助ける薬や血栓ができにくくする薬を投与します。いずれも症状をコントロールするための対症療法です。原因は不明で、根本的に治す治療法もないため、早期発見が大切。

呼吸器の病気

猫喘息(ねこぜんそく)

主な症状 □咳 □くしゃみ □嘔吐 □呼吸困難 など

概要 アレルゲンのほか、細菌やウイルス、マイコプラズマ、寄生虫などさまざまなことが原因で気管支に炎症が起きて、狭くなる病気。若齢〜中年齢の猫に多く見られます。

治療&予防 気管支を拡張する薬などを投与します。呼吸困難になっていたら、すぐに動物病院へ行ってください。発作が出る原因となるものは取り除き、発作が再発しないように心がけましょう。

内分泌の病気

甲状腺機能亢進症(こうじょうせんきのうこうしんしょう)

主な症状 □よく食べるのにやせる □多飲多尿 □異常に活発 □目がギラギラする など

概要 甲状腺の働きが活発になりすぎ、甲状腺ホルモンが過剰に分泌される病気。猫のバセドー病とも呼ばれ、高齢の猫に多く見られます。

治療&予防 甲状腺ホルモンの合成を抑える薬を継続して投与します。有効な予防法はないので、早期発見、早期治療が重要です。症状が見られたら動物病院で相談しましょう。

顔まわりの病気

口内炎(こうないえん)

主な症状 □食欲不振 □顔を触られるのをいやがる □舌や口腔の粘膜がはれる、ただれる など

概要 原因はさまざまで、口内の傷や歯石、ウイルス感染など。猫エイズや猫白血病にかかるとできやすくなります。慢性化することが多く、潰瘍化することも。自然治癒は困難なので治療が必要です。

治療&予防 歯石が原因の場合は歯石を取り除きます。また、抗生物質や抗炎症剤を投与したり、口内用の外用薬を塗ります。再発しやすく、完治しにくい場合もあります。定期的な歯みがきが予防になることもあります。

外耳炎(がいじえん)

耳のケアのしかたは79ページへ

主な症状 □耳の中が赤くはれる □耳をかゆがる □耳アカや耳だれが出ている など

概要 外耳道(耳の穴の入口から鼓膜まで)が炎症を起こした状態。原因はさまざまで、外傷性、細菌性、真菌性、アレルギー性など多岐にわたります。慢性化すると外耳道がはれてふさがることも。

治療&予防 耳アカや耳だれをきれいに拭き取り、耳の中を洗浄した後に、原因に応じた薬を塗ります。点耳薬は容器を手で温めてから点耳すると、猫が驚きません。慢性化しやすいので、早めの治療が大切です。家庭での耳のケアで予防しましょう。

ひふの病気

疥癬・耳疥癬(かいせん・みみかいせん)

主な症状 □顔や耳のふちが脱毛し、かさぶたができる □頭を振る □黒っぽい耳アカ など

概要 ネコショウセンコウヒゼンダニが顔や耳のふちに寄生するのが疥癬。ミミヒゼンダニが外耳道に寄生するのが耳疥癬。主に外猫からダニがうつります。

治療&予防 ダニの駆除剤と掃除で、猫の体と住まいからダニを徹底的に駆除します。卵から成ダニまですべてを完全に駆除しないと再感染します。猫を外に出さないこと、飼い主さんが外猫を触って媒介しないことが大切です。

その他

精神性皮膚疾患(せいしんせいひふしっかん)

主な症状 □かゆがる □ひっかき傷 □毛が抜ける など

概要 環境の変化などによって強くストレスを感じることで、必要以上に体なめたり引っかいたりして、皮膚に損傷が起こります。

治療&予防 環境変化によるストレスの場合は、原因を突き止めて解消に努めます。ほかの病気がストレスの原因となっている場合は、その病気を治療します。抗不安の薬やサプリメントを投与することも。

猫から人にうつる病気を知ろう

ペットから人に感染する「人獣共通感染症」。
感染するとつらい症状が現れますが、適切なつき合い方を
知っていれば、必要以上に恐れることはありません。

飼い主さんの心がけで感染を予防できる

動物から人、人から動物に感染する病気が「人獣共通感染症」です。そのなかには、ペットである猫や犬、鳥などから人に感染するものもあり、場合によっては人も猫も重症化してしまうことがあります。これらは原因と予防法を知っていれば、決して恐ろしい病気ではありません。飼い主さんが少し気をつければ、十分に予防することができるのです。正しい知識をもって、猫と正しい距離感でつき合うことが大切です。
右ページにあげた病気は、猫からうつる可能性がある代表的な感染症です。人に感染した場合の症状や、感染経路と予防策を知って、感染を防ぎましょう。

感染予防のために気をつけること

掃除をする

掃除はしっかり行いましょう。特に、猫がよくいる場所や寝床は清潔に保ち、部屋の通気性をよくして、菌の繁殖を防ぎましょう。

キスをしない

愛猫をかわいく思ってもキスなどの過剰なスキンシップも避けましょう。人間と同じ箸などで猫に食べ物を与えるのもダメ。猫と触れ合った後は手洗いとうがいをすることも大切です。

猫から人にうつる可能性がある病気

猫にかまれるのも感染経路のひとつ。かみつかれたら傷口を洗浄し、消毒しましょう。

猫ひっかき病

猫の症状 無症状（発症はしないが菌を持っている状態）

人の症状 リンパ節のはれ　発熱　など

感染経路と予防策

猫の体内に存在するバルトネラ菌が原因。日本では1割程度の猫が感染しています。猫にかまれたり、ひっかかれたりしたら、傷口をすぐに洗浄して消毒しましょう。症状が出たら病院を受診して。成人では通常は自然に治ります。定期的に爪を切って予防を。

重症熱性血小板減少症候群（SFTS）

猫の症状 発熱　食欲低下　嘔吐　など

人の症状 発熱　腹痛　嘔吐　など

感染経路と予防策

SFTSのウイルスをもつマダニに刺されることが原因。SFTSを発症した猫の致死率は約60%。発症から7日以内に死亡することも。予防薬の投与や屋外への脱走防止など、ダニに刺されない対策を行いましょう。ダニがついたらすぐに病院で駆虫を。

パスツレラ症

猫の症状 無症状（発症はしないが菌を持っている状態）

人の症状 呼吸器疾患　患部の痛み　リンパ節のはれ　など

感染経路と予防策

パスツレラ菌は猫の口や爪に普通に存在します。抵抗力が弱い人がかまれたり、ひっかかれたりすると感染します。猫とキスをしたり、同じ箸で食べ物を与えても感染する可能性があります。

トキソプラズマ感染症

猫の症状 無症状（発症はしないが原虫を持っている状態）

人の症状 妊婦が感染した場合、ごくまれに胎児に悪影響が出る場合も

感染経路と予防策

猫の便の中にいる寄生虫が人の口に入ることで感染。猫のトイレを掃除した後は、必ず手洗いを。人が感染しても、健康であれば症状が重くなることはまれ。生肉にも寄生していることがあるため、生肉を猫に与えるのは控えて。

皮膚糸状菌症

猫の症状 フケ　脱毛　など

人の症状 水ぶくれ　赤み　かゆみ　など

感染経路と予防策

皮膚病の一種で、皮膚にカビが生える病気。感染している猫と接触することで人にうつります。うつることはまれですが、免疫力が低下している人はうつりやすくなります。湿気の多い部屋では真菌が増殖しやすいため、部屋の通気性をよくして、真菌の繁殖を防ぎましょう。また、猫の皮膚を定期的にチェックして、病気の早期発見を心がけましょう。

ストレスで病気になることを知ろう

猫もストレスを感じるのを知っていますか？
猫はどんなことでストレスを感じるのか
知識を深めることで、愛猫をストレスから守りましょう。

ふだんと違う様子はストレスのサインかも

飼い主さんが気づかないうちに愛猫にストレスを与えていて、それが原因で病気をまねいてしまうことがあります。猫のストレスの症状としてよく見られるのは、過剰グルーミングと排せつ障害。また、変わった症状では布を食べる行為も見られます。愛猫にふだんと違う様子が見られたら注意しましょう。

ストレスのサイン

過剰グルーミング

気持ちを落ち着かせるために過剰にグルーミングをすることがあります。なめ続けて、ハゲができたら要注意。

布を食べる

ストレスで布を食べることもあります。食事や病気などが原因の可能性もあるので、必ず病院で診察を受けましょう。

鳴く

ふだん鳴かない猫が鳴いたり、いつもと違う鳴き声でしつこく鳴いたりする場合は、ストレスを訴えていることも。

排せつ障害

もともと胃腸が弱い猫は、ストレスで下痢や便秘を起こしやすくなります。同居猫との力関係で、トイレを自由に使えないなどの問題を抱え、トイレ以外で排せつする場合も。

ストレスを改善するためのポイント

1 原因をつきとめる

まずは、原因を取り除くことが重要です。環境の変化があったならすぐに思いあたるものですが、飼い主さんが想像つかないことだと難航してしまいます。

2 本来できることをさせる

本来できるはずのことができないのは、強いストレスになります。猫は毛づくろいが好きな動物なので、洋服を着せるなどして自由を奪うのはやめましょう。

3 落ち着ける場所を確保する

キャリーバッグを猫専用ハウスにする、キャットタワーの上に隠れ場所を作るなどして、いざというときに猫が逃げ込めるとストレスは緩和されます。

猫のストレスのよくある原因

小

留守番

猫はひとりでも平気なので、留守番が寂しくてストレス、ということは少ないですが、退屈だとストレスがたまることもあります。猫がひとりでも遊べる環境を作ってあげましょう。

老猫・おくびょうな猫は特に注意を

老猫になると環境の変化に影響を受けやすくなります。また、お客さんが来るとすぐに隠れてしまったりする猫もストレスを感じやすいタイプ。飼い主さんは特に気をつけてあげましょう。

掃除機の音

掃除機の大きな音が苦手な猫は多いものですが、いやなときは自分で逃げられるので、それほど気にする必要はありません。

カメラ

フラッシュが苦手な猫は多いよう。いやがっているのに頻繁に撮影するということでなければ心配はいりません。逃げているのを追いかけるのはやめましょう。

かまってあげない・かまいすぎ

猫はそれほど「かまってほしい」とは思わないものです。むしろ、かまわれるのが苦手な猫がかまわれすぎた場合、ストレスを感じてしまいます。

外の猫

窓の外によその猫がいるのを見て、なわばりがおびやかされるように感じることがあります。家の中に入って来ないとわかれば、不安はなくなるでしょう。

薬・病院

病気自体や通院、薬を飲まされるときに体を拘束されることなどがストレスになることも。

来客

知らない人が苦手な猫は、隠れ場所に避難できるようにしておけばストレスは少ないでしょう。無理やり触られたり、抱っこされるのはいやがります。

改装工事

工事中は大きな音がしたり、人の出入りが多く、猫も落ち着きません。ひどくストレスを感じて慣れないようなら、ペットホテルなどにあずけることも検討しましょう。

引っ越し

引っ越しで慣れた環境がガラッと変わってしまうことを不安に思う猫は多いでしょう。ただ、引っ越し直後は元気がなくても、新居にもいずれ慣れます。

長期にわたる家族の不在

特に慣れていた家族が独立して家を出たり、入院したり、亡くなったりした場合、猫はなぜいなくなったのかわからないため、慣れるまでに時間がかかります。

洋服

洋服を着ていると毛づくろいができないので猫にとってはつらいもの。病気治療などの目的がなければ、洋服を着せるのはやめておいたほうがよいでしょう。

小さい子ども

猫は、小さい子どもの前触れのない突然の行動に驚くよう。あまりしつこくされたり、乱暴にされたりするとさすがに参ってしまいます。

大

同居猫

いっしょに暮らす猫との相性がよくない場合には、弱いほうがいじめられたりしてストレスを感じてしまいます。

薬の与え方をマスターしよう

猫の飼い主として、愛猫に薬を与えるテクニックは身につけておきたいもの。
手早く飲ませるテクニックをマスターしましょう！

必ず動物用の処方薬をあげよう

獣医療では動物用に開発された動物用医薬品のほかに、人間用の医薬品を使用することも少なくありません。ですが、勝手な判断で家にある人間用の医薬品を使うのは厳禁。猫が中毒を起こす危険があります。必ず動物病院から処方された薬を与えましょう。

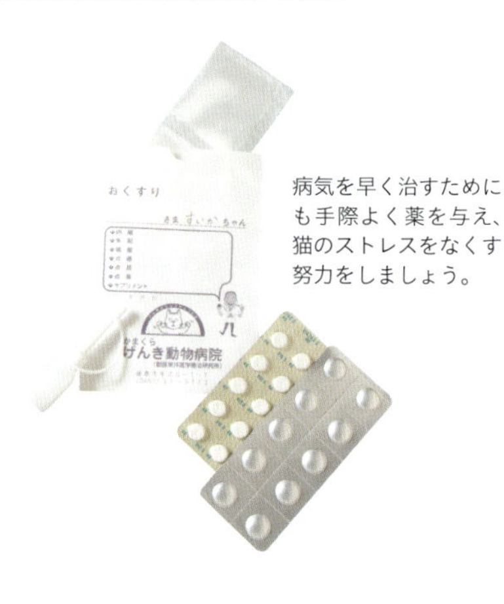

病気を早く治すためにも手際よく薬を与え、猫のストレスをなくす努力をしましょう。

薬を与えるときに気をつけること

1 服用の回数や分量を守る

薬は猫の体重や年齢を考慮して、飲む回数や分量の指示が出ます。2回分をまとめて飲むなどすると副作用が出るおそれも。

2 勝手に服用を中断しない

処方された薬は、決められた回数を最後まで飲むことで効き目があります。基本的に最後まで飲みきるようにしましょう。

3 猫の体調に異変がある場合はかかりつけ医に相談

まれに体質などによって薬が合わず、副作用が出ることも。もしも体調に異常を感じたらすぐに獣医さんに相談をしましょう。

錠剤

処方されることの多い錠剤は、一番の難関でもあります。一連の動作をいかに手際よくできるかが勝負！　最後に飲み込んだことを必ず確認しましょう。

1 片手で猫の上あごをつかみ、口を開ける

口の両端に親指と人差し指を入れながら、片手で猫の頭を上から包むようにつかみ、口を開けます。もう片方の手の中指で、下あごを押し開きます。

2 薬を口の奥に入れる

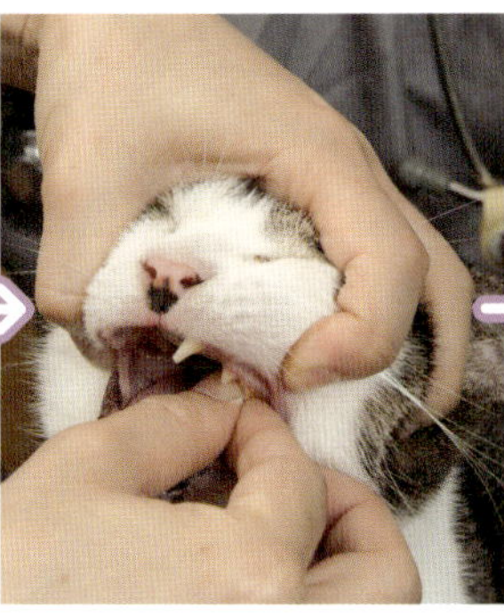

錠剤を口の中のなるべく奥の中央に入れます。舌の奥のほうのくぼんだ部分がベスト。猫が動いてしまうようであれば、体を保定する人がいるとスムーズ。

3 口を閉じてのどをさする

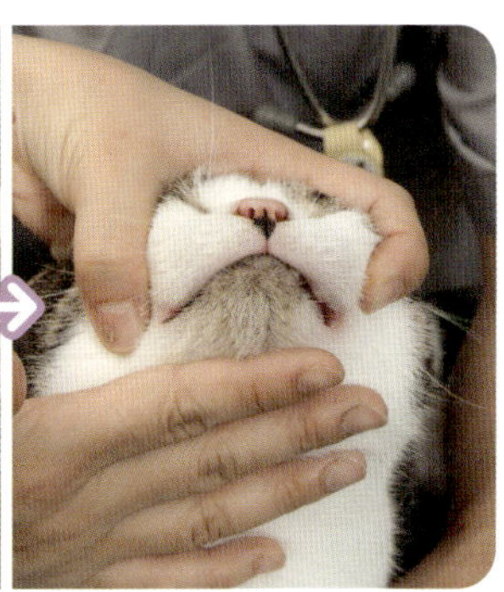

口をすばやく閉じ、頭を上に向け、のどを上から下へ優しくさすります。しばらく続けると自然に飲み込みます。口の中に残っていると吐き出してしまうので必ず確認を。

液剤

比較的飲ませやすい液剤。粉剤やくだいた錠剤を少量の水に溶かして与えてもOKです。スポイトは病院でもらっておきましょう。

1 しっかりと体を押さえ顔を上向きに

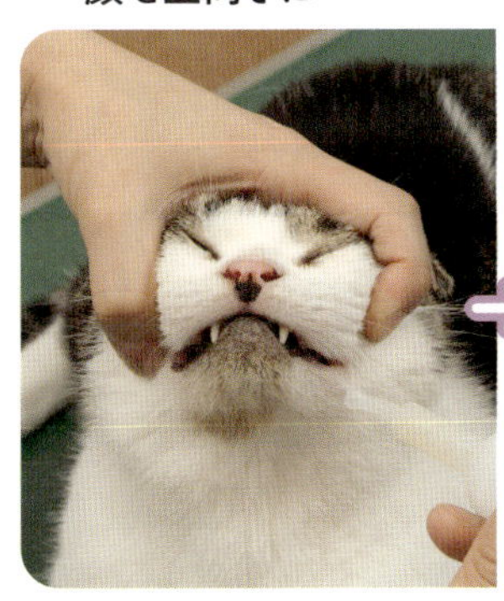

猫の体が動かないようにしっかりと押さえます。片手で猫の頭を上からつかみ、顔を上向きにさせます。液剤はスポイトに1回分を吸い上げて用意しておきます。

2 犬歯の後ろにスポイトで薬を注入

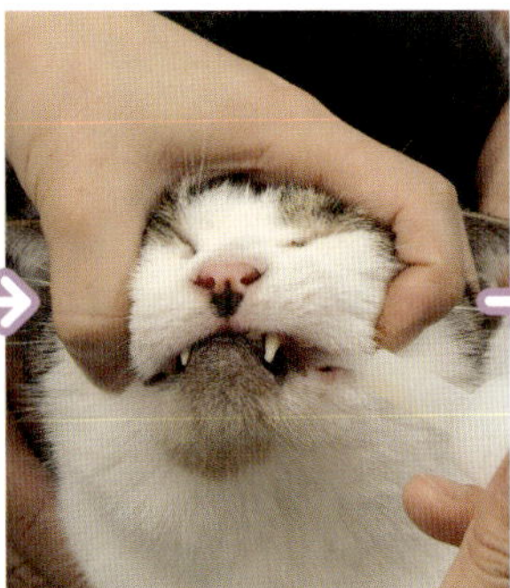

猫の唇を少し開け、犬歯の後ろのすき間にスポイトを差し込み、液剤をゆっくりと流し入れます。猫の頭が上を向いていれば、こぼれてしまうことはありません。

3 鼻先を上げると自然に飲み込む

すばやく口を閉じ、鼻先を上げたまましばらく保定しておくと自然に飲み込みます。のどもとをなでると、唾液を飲み込むタイミングで、いっしょに飲み込むでしょう。

粉剤

粉袋を使って飲ませる方法と、ペースト状の栄養剤を使った方法を紹介します。
少量の水に溶かし、液剤と同じように与えてもOK。

粉袋を使う場合

粉剤が入っている紙製などの袋を利用した与え方。
スムーズにあげられれば一番かんたんな方法です。

1 粉剤を袋の角に寄せ、三角に袋を切る

粉剤を袋の角に寄せ、はさみで小さな三角に切り取ります。粉が入っているギリギリのところで切り取ると袋の角が開きやすいです。指でつまんで準備。

2 口に薬を入れる

片手で猫の頭をつかみ、口を開けさせ、正面からすばやく粉剤を口に流し込みます。慣れていない猫の場合は、犬歯の後ろに流し込んでもOK。すぐに口を閉じます。

3 顔を上に向けたまま のどをさする

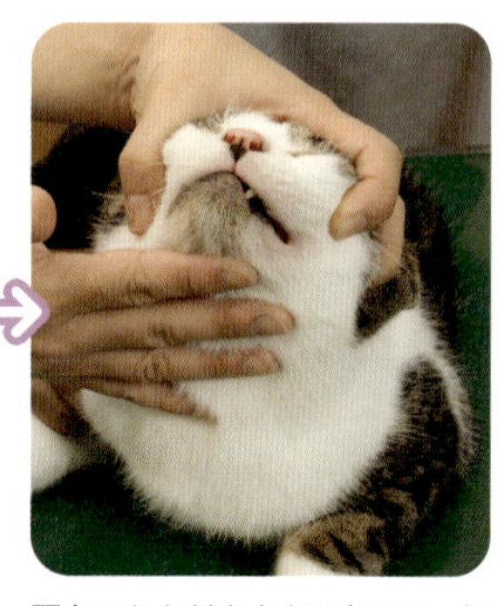

頭をつかんだまま上を向かせ、優しくのどをさすり、自然に飲み込むのを待ちましょう。犬歯の後ろから入れた場合はほっぺたを軽くもむとよいでしょう。

ペースト状の栄養剤を使う場合

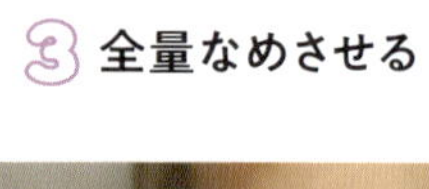

ペースト状の栄養剤は、病院で処方してもらえます。
栄養剤の代わりに無塩バターを使ってもOK。

1 鼻先に栄養剤をつけ、味に慣れさせる

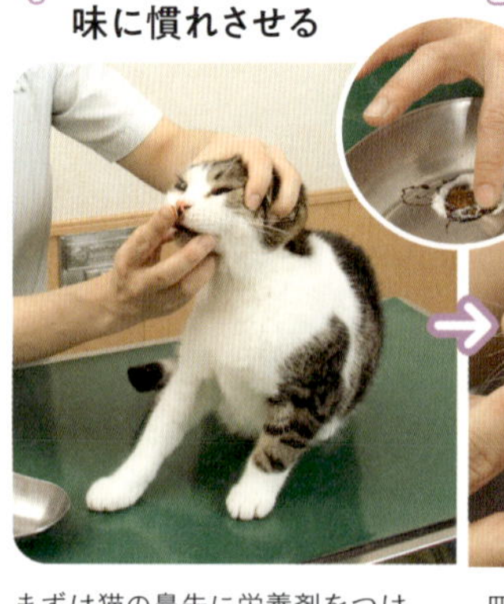

まずは猫の鼻先に栄養剤をつけ、栄養剤の味に慣れさせます。写真で使っているフェロビタという猫用の栄養剤は甘くておいしいので、猫はたいていなめます。

2 粉剤を栄養剤で練り、鼻につける

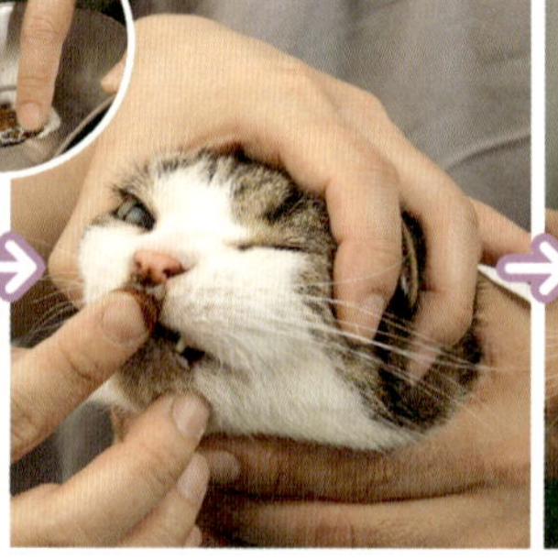

皿で栄養剤と粉剤を清潔な指で練って、混ぜ合わせます。その後、1と同じように鼻先に塗り、なめ取らせます。鼻と口の間くらいに塗ると猫がなめやすいでしょう。

3 全量なめさせる

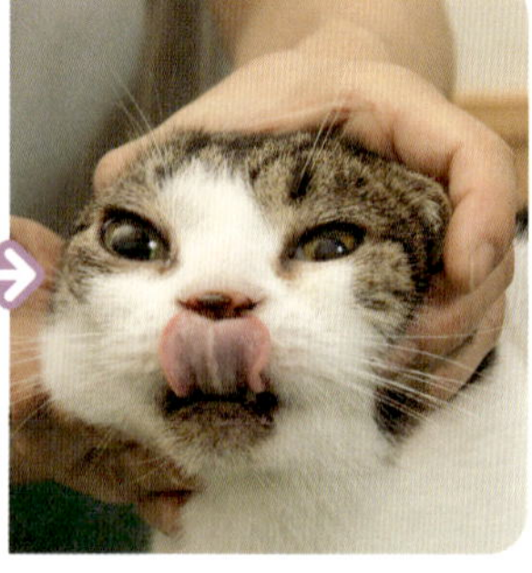

何度かに分けて鼻に塗り、すべての薬をなめ取らせます。鼻に塗られることに抵抗がある場合は、口の中の上あごに塗ったり、前足などに塗りつけてなめさせましょう。

目薬

目薬には点眼薬と眼軟こうの種類があります。いずれも猫の視界に入らない方向からすばやくさすのがコツ。それぞれの投薬方法をマスターしましょう。

点眼薬の場合

うまく保定しないと、容器の先が目にあたってしまうことも。できれば2人がかりで点眼すると安心です。

1 体をしっかり押さえて目を開ける

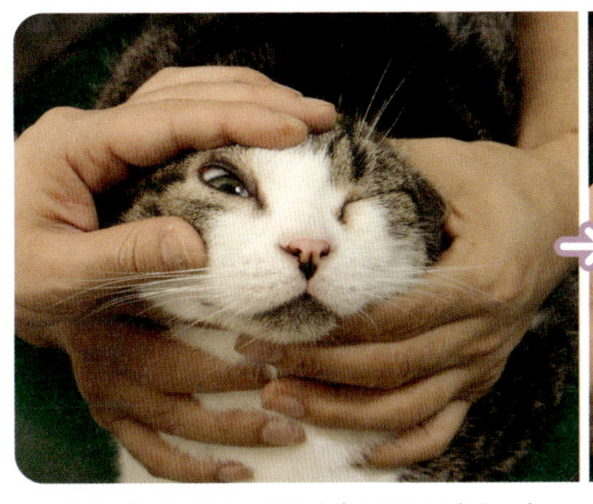

しっかりと体を保定し、頭を上向きにさせます。上まぶたを上に引くようにすると目が開きます。もう片方の手で点眼薬のふたを開け、準備しておきます。

2 薬を垂らし、軽くもむ

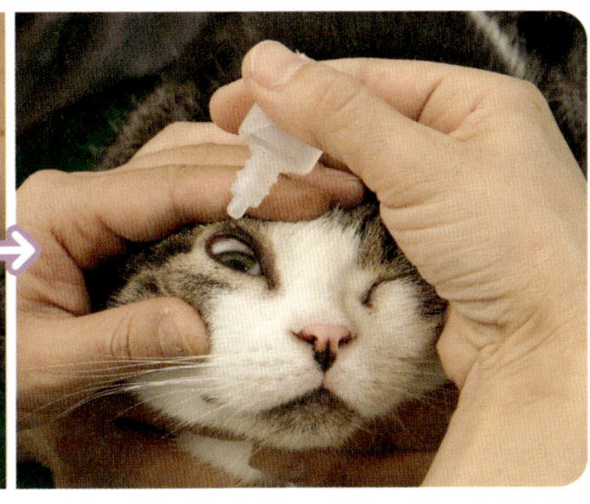

容器の先端が猫の視界に入らないよう、やや後方から薬剤を垂らします。まぶたを閉じて軽くもみ、はみ出した液体はコットンなどで優しく拭き取ります。

眼軟こうの場合

チューブから直接つける方法をご紹介します。「塗る」のではなく、「目に入れる」ことを意識するとよいでしょう。

1 体をしっかり押さえ、目を開く

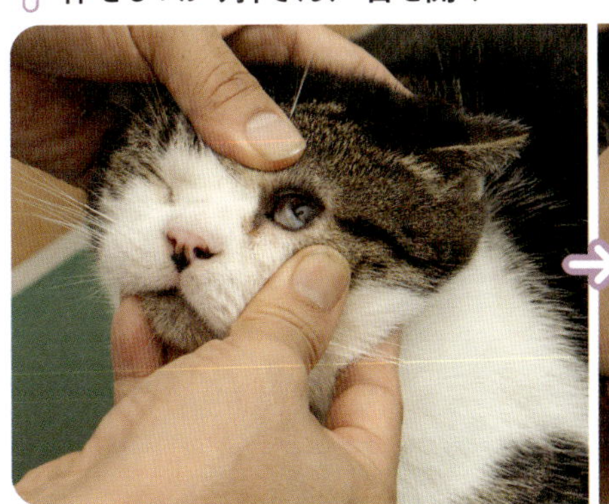

あらかじめチューブから眼軟こうを出しておきます。猫の目の前で眼軟こうを出すとおびえるので避けましょう。体を保定し、頭を上向きにし、目を開きます。

2 目のふちに眼軟こうを入れる

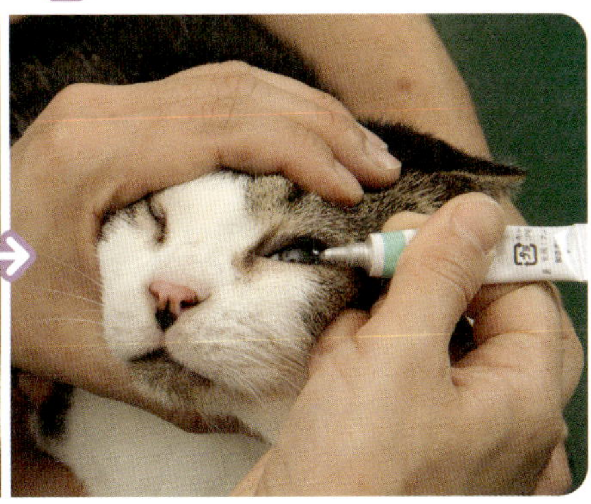

開いた目のふちに、眼軟こうを乗せます。5㎜～1㎝が目安。目じりの方向から入れましょう。まぶたを閉じ、数秒間軽く押さえて眼軟こうを目の中になじませます。

ケガや事故の対処と応急処置

猫が思わぬ事故に遭ってしまうことがあります。万が一のときのために、対処のしかたを知っておきましょう。どんなときでも動物病院へ急ぐことを忘れずに！

冷静に対処して病院へ急ごう

好奇心旺盛な猫は、思わぬ事故に巻き込まれてしまうことも少なくありません。ここでは応急手当のしかたも紹介していますが、猫が暴れるなどで難しいことも多いはず。また、状況によっても対処法が違ってくるので、まずはかかりつけの動物病院へ電話して指示を仰ぎましょう。どのような場合も、急いで動物病院へ連れて行くのが最良の手段です。

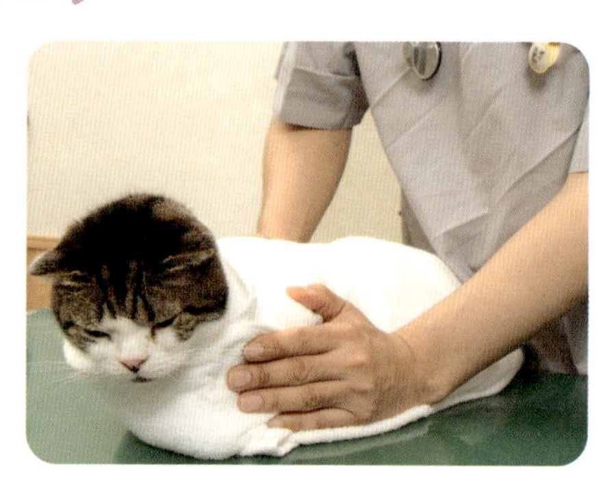

緊急時に守りたいこと

1 大きな音を出さない

愛猫の一大事に大声で騒ぐのはNG。猫の恐怖心をあおり、パニックに陥ることにもつながります。飼い主さんはあくまでも冷静に対処しましょう。

2 傷口を直接手で触れない

猫の出血している部分などに手で直接触れると、人の手から雑菌がうつりさらに悪化することも。むやみに触らないようにしましょう。

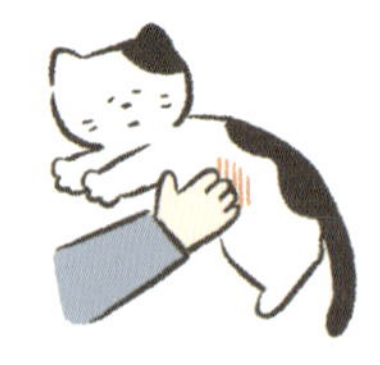

3 むやみに薬を使わない

薬を使うときは、必ず獣医さんに相談してからにしましょう。勝手な判断で人間用の薬を使うことは危険なので絶対にやめて。

4 水や食べ物を与えない

吐く、のどに詰まらせるなどの危険があります。病院で麻酔をしなければいけないときもあるため、麻酔中に吐いてのどに詰まらせると大変危険です。

出血している

傷口を清潔にして軽く圧迫

完全室内飼いの猫でも、ガラスや包丁に触れるなどして、ケガをして出血するケースがあります。まず傷口を清潔にするためにぬるま湯で傷口を洗い流すか、ぬるま湯で湿らせたガーゼやティッシュペーパーで優しくぬぐいます。その後、乾いたガーゼをあてた上から手で押さえて圧迫し、止血します。それでも血が止まらない場合は、圧迫しながら動物病院へ。

猫どうしのケンカによる傷の場合は、血が止まっていても細菌が繁殖することがあるので、念のために動物病院で診察を。

骨折

できるだけ動かさず病院へ

飼い主さんが見ていないところで骨折していることもあるので、まず骨折したことに気づくことが大切です。次に、患部の神経や血管を傷つけないように、できるだけ猫を動かさずに動物病院へ運ぶこと。ダンボールやざぶとんに猫を乗せて、動かさないようにして病院へ運びましょう。添え木での固定は難しいので無理にしないで。

骨折したときの状態

- ▢ 足をひきずっている
- ▢ 歩き方がおかしい
- ▢ 関節が異常に曲がっている
- ▢ 骨が変形・露出している

やけど

ぬれタオルで冷やす

部分的なやけどの場合は患部にぬれタオルをまき、その上から氷のうをあてます。全身やけどの場合はぬれタオルで全身を覆い、体を動かさずに病院へ。軟こうなどを塗ると皮膚がはがれるおそれがあるので厳禁。猫は毛で覆われていて、やけどしていても症状が見えにくいので注意が必要です。

やけどしたときの状態

- ▢ 毛が焼けている
- ▢ 皮膚が赤くなってはれたり、毛がかんたんに抜ける
- ▢ 皮膚がはがれている

落下・交通事故

骨折、出血の処置をして病院へ

骨折や出血をしている場合はその処置をし、ダンボールやざぶとんなどに猫を寝かせ、静かに動物病院へ運びます。猫が立てないときや動けないとき、背中が不自然に曲がっているときは背骨を骨折している可能性があります。交通事故は飼い主さんの見ていない場所で起こっていることが多いので、異変を見逃さないようにしましょう。

鼻や口から血が出ているとき

鼻や口から血を流している場合は、内臓破裂のおそれがあります。優しくタオルなどでぬぐいながら病院へ急ぎましょう。

目や耳のケガ

出血はガーゼで押さえて止血を

耳をケガしたときは、猫は激しく頭を振ったり、前足でかいたりします。目をケガしたときは、目をパチパチしたり激しくこすったりします。目や耳から出血している場合は、ガーゼやティッシュペーパーで押さえて止血します。猫が自分でかいてケガが悪化しないよう、エリザベスカラーをつけてから動物病院へ行きましょう。

目のケガは放っておくと、角膜炎を引き起こしたり、最悪の場合、失明の危険も。異変を感じたらすぐに動物病院で受診をするようにしましょう。

おぼれた

頭部を低くして自然に吐かせる

おぼれたときはすぐに猫を水から引き上げます。水を多量に飲んでいるときは、頭部が体よりも低くなるように腹ばいに寝かせ、飲んだ水が自然に吐けるようにします。その後体を温めながら、動物病院へ移動します。移動中も、猫の気道を確保するためにできるだけ首を伸ばして寝かせるようにしましょう。

長時間おぼれていたときは、肺まで水を吸い込んでいるおそれが。肺炎になる可能性があるので、必ず動物病院で診てもらいましょう。

呼吸が止まっている

意識があるか確認して病院へ

おぼれたときや感電したときなどに、呼吸が止まることがあります。鼻の前に手をかざして息を確認します。空気の流れがなく、おなかの筋肉も動いてないようであれば呼吸が停止しています。呼吸停止後も、心臓は少しの間動いている場合があり、蘇生の可能性はあります。冷静に動物病院へ電話し、指示を仰ぎましょう。

慌てずに主治医に連絡して指示を仰ぎましょう。人工呼吸は難しいためこの本ではおすすめしません。

心臓が止まっている

胸に手を当て、拍動を確認

落下事故や交通事故、感電、おぼれたときなどに心臓が停止する可能性があります。猫の胸に手をあて、心臓の鼓動(拍動)があるかを確認します。体をゆするのはNG。主治医に電話して指示を仰ぎましょう。心停止したばかりであれば、処置が可能なケースもあります。

飼い主さんがパニックにならず、冷静に対処することが大切。心臓マッサージは難しいのでこの本ではおすすめしません。

けいれん

ケガをしないよう見守って何分間けいれんしているか計る

けいれんの原因はさまざまですが、てんかんやなんらかの中毒、腎不全、低血糖などが考えられます。けいれん中はむやみに触らず、何分間けいれんしているか計り、見守ります。猫が暴れてまわりのものにぶつかってケガしないよう注意。落ち着いたら安静にさせながら、病院へ急ぎましょう。

多くのけいれんは5分以内に治まり、何度かくり返すことも。5分以上続くけいれんは危険なケースです。

熱中症

ぬれタオルで全身をくるむ

真夏に閉め切った室内や車内などにいることで急激に体温が上昇し、体に不調が起こるのが熱中症。悪化すると死に至ることも。発見したらすぐにぬれタオルで全身をくるみ、冷やします。意識がもうろうとしているなど重傷の場合は水風呂に首から下をひたして。病院へ行くときも、わきの下やそ径部首に保冷剤をあてながら移動します。

口で息をしている、目のふちや口内などの粘膜が充血している、意識がもうろうとしているなどは熱中症の症状です。

異物の誤食

30分以内に病院へ!

異物の誤食は、大手術が必要だったり、最悪の場合は死に至ることも。飲み込んだものによっては30分以内に病院で処置すれば、高い確率で吐かせることが可能なので、すぐに病院へ行きましょう。飲み込んだものによって処置が違うので、薬品や洗剤などを誤食した場合は、成分がわかるようにパッケージや残っている分を、布や植物の場合は飲み込んだ残りを病院に持参して。

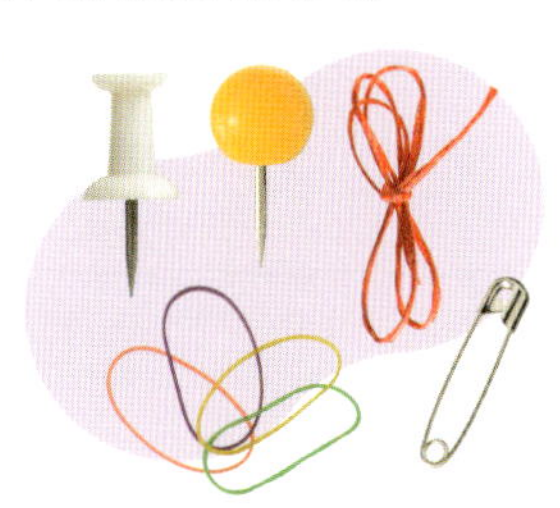

小さなピンや画びょうも危険。誤食すると体内で刺さる可能性もあります。必ず片づけておきましょう。そのほかひも、輪ゴム、植物、布類も注意。

エリザベスカラーを作ってみよう

用意するもの

- □ 厚紙またはクリアファイルを開いたもの
- □ はさみ
- □ テープ

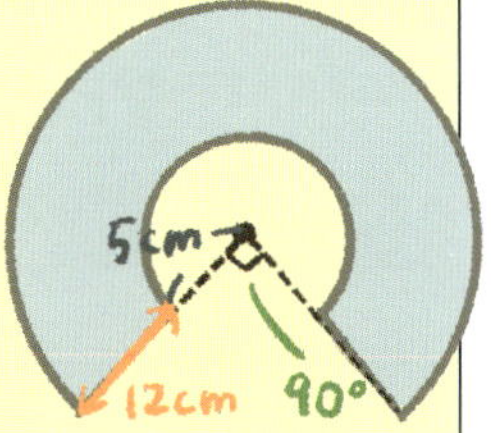

5cm
12cm
90°

※サイズは猫の体格に合わせて調節してください。上の図の赤い線の長さを、猫の首まわりプラス2〜3cmにするのが目安です。

1. 厚紙(またはクリアファイル)を上の図のように切り抜く。
2. 猫の頭部に装着し、首まわりに指1本分余裕をもたせてテープで止める。

肥満を予防しよう

人間同様、猫でもメタボリック・シンドロームが注目されています。肥満は病気のリクスを高めるということを十分に理解し、ダイエットさせましょう。

猫の太りすぎは病気の原因になる

猫の太りすぎはさまざまな病気の原因になります。糖尿病や高血圧などの病気を引き起こしたり、心臓や呼吸器に負担をかけることにつながります。また、足腰の関節に過度の負担がかかり、痛めることも。ほかに、皮膚病になりやすくなったり、傷の治りが悪くなることもあります。このように、肥満は万病のもとなのです。

こんな状態に注意

階段を上がれない

おなかが地面についている

太り過ぎが引き起こす主な病気

心臓病

肥満の猫は高血圧になりやすいため、心臓に負担がかかり、肥大型心筋症の発症要因になる可能性があります。

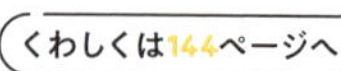

糖尿病

食べすぎると消化器官に負担がかかり、インスリンの働きや分泌に異常が起こります。その結果、糖尿病に。

泌尿器の病気

肥満は、猫下部尿路疾患のリスクを高めます。運動不足により飲水量やトイレの回数が減ると、尿が膀胱内に長くたまり、膀胱炎になりやすくなります。

くわしくは144ページへ

肝リピドーシス

肥満の猫が特になりやすい病気のひとつ。食欲不振になって脂肪が肝臓に異常に蓄積され、肝機能が低下。重症になると肝不全になります。

くわしくは144ページへ

愛猫の肥満度をチェックしてみよう

愛猫を肥満にしないためには、太りはじめの兆候を見逃さないことが肝心です。肥満かどうかを判断する基準として、下記のボディコンディションスコア（BCS）というチェック方法があるので、定期的に愛猫の体型を確認してみましょう。また、少しでも「太っているかも……」と感じたら獣医さんに相談しましょう。

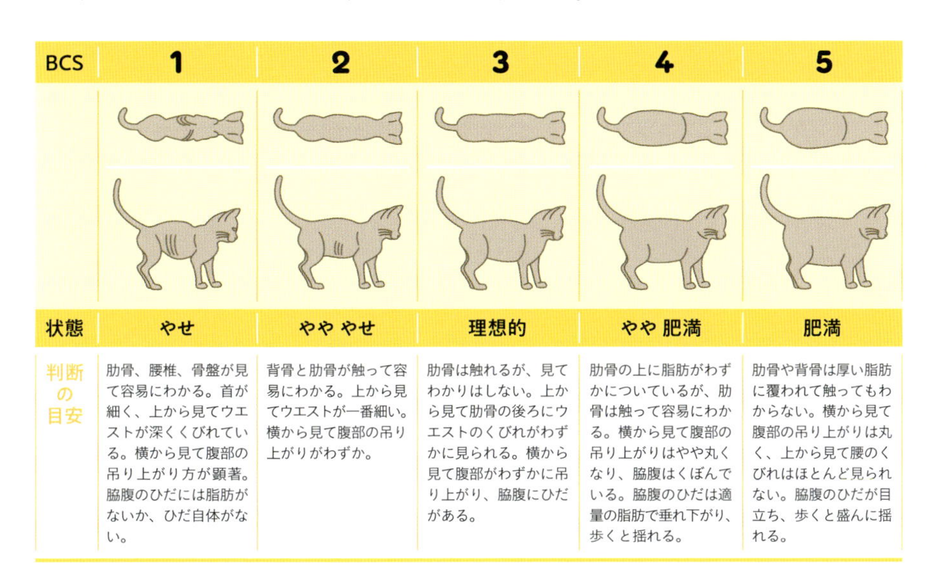

BCS	1	2	3	4	5
状態	やせ	やや やせ	理想的	やや 肥満	肥満
判断の目安	肋骨、腰椎、骨盤が見て容易にわかる。首が細く、上から見てウエストが深くくびれている。横から見て腹部の吊り上がり方が顕著。脇腹のひだには脂肪がないか、ひだ自体がない。	背骨と肋骨が触って容易にわかる。上から見てウエストが一番細い。横から見て腹部の吊り上がりがわずか。	肋骨は触れるが、見てわかりはしない。上から見て肋骨の後ろにウエストのくびれがわずかに見られる。横から見て腹部がわずかに吊り上がり、脇腹にひだがある。	肋骨の上に脂肪がわずかについているが、肋骨は触って容易にわかる。横から見て腹部の吊り上がりはやや丸くなり、脇腹はくぼんでいる。脇腹のひだは適量の脂肪で垂れ下がり、歩くと揺れる。	肋骨や背骨は厚い脂肪に覆われて触ってもわからない。横から見て腹部の吊り上がりは丸く、上から見て腰のくびれはほとんど見られない。脇腹のひだが目立ち、歩くと盛んに揺れる。

肥満の原因をつきとめよう

肥満の一番の原因はフードの食べすぎ。これは、食べ物を与えている飼い主さんの責任です。自分が猫を太らせていることを認識し、適切な食事管理を行いましょう。さらに、病気や去勢・避妊手術などが原因で肥満になることもあります。愛猫がなぜ太ったのか原因を見極め、原因に合った対策をしましょう。

肥満の原因

1 フードの食べすぎ

年齢に合ったフードを、適正量与えることが大切。おやつは基本的には与えないようにしましょう。

2 運動不足

室内飼いの猫は運動不足になりがち。上下運動ができるようにキャットタワーを置いたり、飼い主さんがおもちゃで遊んであげましょう。

3 その他の原因

遺伝や病気が原因で太ってしまうこともあります。そのほか、去勢・避妊手術をすると基礎代謝が減って、肥満になることも。

ダイエットを始めるなら しっかりと計画を立てて

愛猫が肥満だと判明したら、ダイエットを開始しましょう。159ページのボディコンディションスコア(BCS)を参考に、理想的とされる体型を目指してください。ただし、無理なダイエットは猫の体調を崩すことにつながります。ダイエットを始める際は、獣医さんと相談して計画を立ててから行いましょう。

ダイエット計画のPOINT

1 目標設定

1週間で体重の1〜2%、1か月で最大でも8%の減量がダイエットの基本です。それ以上の無理な目標設定は、猫の健康を害するおそれがあります。獣医さんと相談して目標を設定してもよいでしょう。

2 定期的な体重測定

毎日体重を量るのが理想ですが、難しければ週1回は量るようにしましょう。体重は、人が猫を抱えて量った重さから、人の体重を引いて量ります。

3 記録をつける

毎日の食事量や体重などのデータを把握しておくことは大切です。飼い主さんのモチベーション維持や、愛猫に無理なダイエットをさせていないかのチェックにもなります。

食事の調整は ダイエットの基本

肥満になる一番の原因は、不摂生な食生活。下記を参考に、食事の管理を徹底しましょう。フードを量って適正量を与えるのはもちろん、おやつは基本的に与えてはいけません。

1日に必要なカロリー量の目安

(成猫の場合)

活発な猫	体重1kg あたり 80kcal
活発でない猫	体重1kg あたり 70kcal

食事調整の基本

ダイエット用の 食事量を知ろう

右上のカロリー量は、標準体型の猫の場合の目安です。肥満の猫が、この計算どおりに増えた体重分もフードを食べていては、やせるはずはありません。何割か減らした食事量に変える必要があります。猫の太り具合によって減らす割合は変わるので、獣医さんと相談して食事量を決めるのが一番確実です。

フードを量る

フードは計量カップやキッチンスケールを使って食事量をきちんと量ってからあげること。毎日量るのが大変な場合は、1週間分をまとめて量っておき、1回分ごとに分けておく方法もおすすめです。

おやつは与えない

決まった食事以外のおねだりに飼い主さんが根負けするのも肥満の原因。あげないという強い意志をもちましょう。どうしても根負けしてしまうときは、その分主食のカロリーを減らしてください。

食事を調整するコツ

食事の回数を多くする

1日の食事量を細かく分けて与えます。1回の量を少なくすることで消化をスムーズにし、脂肪の蓄積を防ぎます。また、時間をおいて何回も食べられることで、一度に全部食べてしまうより猫も空腹の時間が減ります。

キャットフードを手であげる

甘えん坊の猫の場合、フードを飼い主さんの手からもらうことで、満足度がアップします。ダイエットでストレスを感じている猫にとって、食事時間を楽しい時間にすることも大切です。

多頭飼いの場合はどうすればいい？

太っている猫は別室で食事を与える

特定の猫がほかの猫が食べ残した分も食べてしまい、肥満になることがあります。その場合は、肥満の猫だけ別の部屋で食事を与えたり、食事の時間をほかの猫とずらすなどの対策をしましょう。

食事の時間を決めたら残ったフードは片づける

食事をあげるとき、フードを出しっぱなしにするのはダメ。特定の猫がほかの猫が食べ残した分を食べてしまわないよう、食事の時間を決めたら、食べ残しは片づけてしまいましょう。

毎日しっかり運動させることを習慣化して

室内で暮らす猫は、どうしても運動不足になりがちです。運動不足は肥満の原因のひとつ。飼い主さんがおもちゃで遊んであげたり、食事時間にも運動を取り入れられるような工夫をしてあげましょう。

遊びは1回15分×3～4回

おもちゃで飼い主さんが遊んであげることが基本。じょうずに遊んで、猫の狩猟本能を呼び起こしてあげましょう。猫は短期集中型なので、1回の遊び時間は15分程度がおすすめ。肥満気味の猫は時間をあけて1日3～4セット遊んであげるといいでしょう。

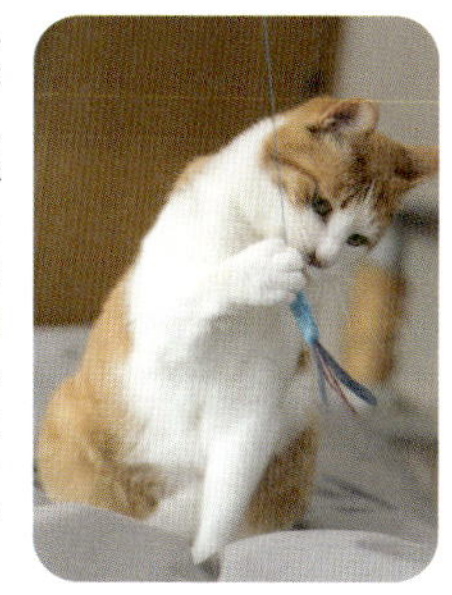

食事に運動を取り入れる

フードをキャットタワーの上など高いところに置いたり、少量ずつ分けて部屋のあちこちに置いて探させるなどの工夫をしましょう。もちろん1回の食事量は守って。

老猫になったときのお世話のしかた

老猫になってから変えたいお世話のポイントをご紹介します。飼い主さんの手助けで、愛猫に快適な老後を送らせてあげましょう。

猫も長生きの時代。 しっかりケアで快適に

まだまだ若く見える猫も多いですが、7歳以降は「老猫期」。毛づくろいや爪とぎをあまり自分でしなくなってしまう猫も多いようです。また、歯周病も多くなります。そのため、飼い主さんが定期的に体のお手入れをしてあげる必要がありますが、猫がお手入れに慣れていないと、いやがってさせてくれず、それがストレスになることもあります。若いうちから体のお手入れを習慣にしておくことが大切です。

猫の認知症って？

猫にも認知症があります。症状は徘徊や、狭いところに入ったら自力で出て来られないなど。老猫にかまいすぎは禁物ですが、適度に脳を刺激することが予防になります。

猫の年齢換算表

猫は人より早く年を取ります。
意識してお世話のしかたを変えていきましょう。

猫	1歳	2歳	3歳	4歳	5歳	6歳	7歳	8歳	9歳	10歳
人	15歳	24歳	28歳	32歳	36歳	40歳	44歳	48歳	52歳	56歳

老化のサインに気づこう

聴力が低下する

老猫になると、名前を呼んでも気づかないなど聴力が低下してきます。

視力が低下する

白内障や緑内障が起きて視力が低下したり、失明したりすることがあります。

目やにが多くなる

顔を洗う回数が減り、目やにや汚れが目立つようになります。

歯が抜ける、口がにおう

3歳過ぎの猫の80%以上が歯周病にかかっているといわれます。ひどくなると歯が抜けることも。

毛づやが悪くなる

毛づくろい不足で毛並みにツヤがなくなり、白髪が出てくることも。

水をたくさん飲む

動くのがおっくうで、飲水量が減る猫もいますが、多く飲むようになる猫も。これは、慢性腎不全などの病気の兆候。

あまり動かなくなる

腰痛などで動くことがおっくうになり、寝て過ごすようになる。爪とぎをしなくなることも。

環境の変化を避けよう

引っ越しやリフォーム

引っ越しやリフォームは環境の変化が大きく、老猫には多大なストレスがかかってしまうおそれがあります。どうしても引っ越しなどをする場合は、猫のベッドやフード皿、トイレなどは同じものを使い、以前と同じような場所に配置して、なるべく以前の環境と同じ状態を作ってあげましょう。

同居猫を増やす

老猫には、静かに過ごせるような環境を整えてあげたいもの。ずっとひとりでいた猫の場合はなおさら、同居猫が新しく増えるのは環境の変化が大きすぎるためおすすめできません。特に、新しい猫が子猫の場合、老猫と遊びたがる子猫にストレスを感じる可能性が高いので避けましょう。

11歳	12歳	13歳	14歳	15歳	16歳	17歳	18歳	19歳	20歳
60歳	64歳	68歳	72歳	76歳	80歳	84歳	88歳	92歳	96歳

※猫の年齢を人の年齢に換算したもので、年齢は目安です。

老猫のお世話

トイレ、部屋、食事など、老猫になってから変えたいお世話のポイントをご紹介します。
飼い主さんの手助けで、愛猫に快適な老後を送らせてあげましょう。

部屋

段差をなくして落ち着ける空間に

ジャンプ力がなくなっても高い場所に登れるように、段差を小さくして登りやすくしてあげましょう。また、落ち着ける場所を部屋のあちこちに作って、暑さや寒さに応じて好きな場所を選べるようにしてあげて。

トイレ

トイレ容器や置き場所に配慮しよう

老猫になると、トイレ容器のふちをまたぐのが難しくなるので、浅めの容器に変えてあげましょう。置き場所も、あまり移動しなくてもいいように寝床の近くに。ただし、トイレ環境を急に変えると猫がうまく使えなくなることがあります。様子を見ながら徐々に変えてください。また、老猫になればトイレのそそうはあるものです。決して叱らないこと。トイレのまわりにペットシーツを敷いておくと、粗相をしても安心です。

食事

高齢猫用フードに切り替えよう

高齢猫用のフードに切り替えて、量も見直しましょう。カロリーの必要量は、カロリー表「活発でない猫」の欄を目安に。また、動くのがおっくうになり飲水量が減ることも。部屋のあちこちに水を置いて、飲める工夫をしましょう。

カロリー表は46ページへ

お手入れ

こまめに体のケアをしよう

老猫になると、毛づくろいや爪とぎなどをすることが少なくなります。ブラッシングや顔のお手入れ、爪切り、歯みがきなどをこまめにし、飼い主さんが手助けしましょう。

詳しくは70、78、80、84ページへ

お別れのときがきたら

大切な猫の死……。
考えたくないことですが、
いつか来るその日の前に
知っておきたいことがあります。
愛する猫と最期まできちんとつき合うため、
「別れ」について考えてみましょう。

死を受けとめて最期まで見送ろう

猫の寿命は、人間より短いため、いつかは必ずお別れの日がやって来ます。家族として暮らしていた猫の死はすぐには受け入れがたいことですが、最期まで見届けるのが飼い主の務め。猫が死を迎えたときには、「天寿をまっとうした」と思って、きちんと追悼してあげましょう。
猫が亡くなったら、遺体を清めて埋葬をしましょう。埋蔵方法には、所有地に埋葬する、自治体で火葬してもらう、ペット霊園で弔う方法があります。自宅などの所有地で埋葬する場合は、条約で規制されていないかを確認する必要があります。また、感染症で亡くなった場合は衛生的な問題があるため、自治体やペット霊園で火葬してもらってください。

きつくしぼったタオルで体を拭いて清めたら、きれいな布やタオルなどで包み、箱や棺に納めます。遺体は、引き取りや埋葬が終わるまでは涼しい場所に安置してください。

ペットロスはだれにでも起こりうること

猫が亡くなったショックから、虚脱感や罪悪感、食欲不振や不眠などに悩まされる「ペットロス」状態になることもあります。猫との思い出にひたり、十分に悲しむことがペットロスを乗りこえる何よりの方法。そしてペットロスを重くしないためには、先立たれることを認識したり、気持ちを共感してくれる猫仲間をつくったりすることも大切です。

はじめての猫 決定版
防災ガイドブック

災害が起こったとき、猫が頼れるのは飼い主さんだけです。
猫も人も生き残れるように、防災について考えましょう。

CONTENTS

猫も人も備えが大事！

健康管理

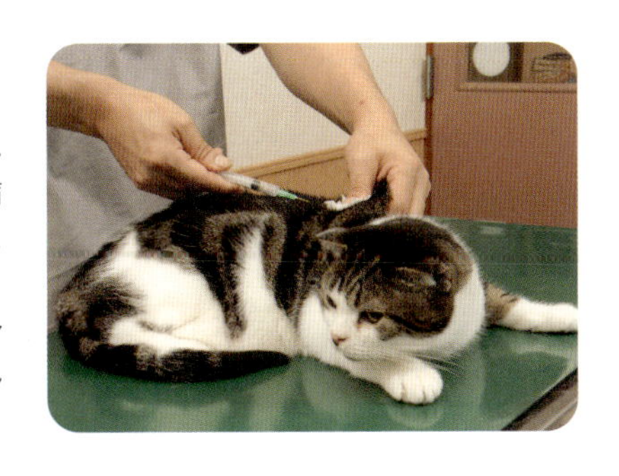

避難場所や避難所には、たくさんのペットが集まります。そこで病気にかかってしまうことも……。避難先で安心して過ごせるように、ワクチン接種、ダニ・寄生虫の予防、避妊・去勢手術など、ふだんから健康管理を行いましょう。

しつけ

避難する際には、キャリーバッグに入る必要があります。安心して入れるように、ふだんから慣らしておきましょう。また、自宅以外の場所や家族以外の人に慣らしておくと、避難先でのストレスを減らすことができるかもしれません。

行方不明の対策

災害が起きたとき、猫がパニックになって家から飛び出してしまったり、避難中にはぐれてしまったりすることがあるかもしれません。避難先で再会できるように、迷子札やマイクロチップで迷子対策をしましょう。

猫の避難は飼い主さん次第

災害が起きたときに猫も人も生き抜くためには、日ごろからどれくらい備えているかが重要です。防災グッズの用意や家の中の対策はもちろん大切ですが、猫が無事に避難できるか、避難先で安全に過ごせるかは、飼い主さんにかかっています。

猫はストレスに弱い動物です。災害時には、いつもとちがう状況に強いストレスがかかってしまいます。つねにストレスがかかっていると体調が悪くなってしまうので、ふだんから健康管理やしつけなどをしっかり行いましょう。また、家に人を招いたり知人に預かってもらったりして、いつもとちがう環境に慣らしておきましょう。

家の中の備え

危険から身を守るだけでなく、飼い主さんの外出時に災害が起きたときでも、
猫が安全に避難して過ごせる環境を用意しておきましょう。

1 家具の固定

家具が倒れて猫や人が下敷きにならないように、家具をしっかり固定しましょう。つっぱり式の固定家具などですでに固定している場合でも、ゆるんでいないか、定期的に確認しておくとよいでしょう。

2 ガラスの飛散防止

災害時には、ものがぶつかるなどして窓ガラスが割れることがあります。飛散したガラスに当たったり踏んだりしてしまうことがあるので、飛散防止用のフィルムを貼るのがおすすめです。

3 見守りカメラの設置

見守りカメラは、外出時に猫の様子をチェックできるだけでなく、災害時に猫の安否を確認するためにも役立ちます。ただし、停電してインターネットが使えなくなってしまうと見ることができません。

4 逃げ込めるスペースの確保

ハウスや押し入れの一角など、安心して逃げ込めるスペースがあると、災害時でも居場所がわかりやすくなって安心。キャリーバッグでも◎。避難先で過ごすストレスを軽減することができます。

5 ごはんの補給

自動給餌機や自動給水機があると、外出先での災害時に帰れなくなっても、ごはんや水を用意することができるので安心です。見守りカメラがついているものもあります。

防災グッズの用意

非常用持ち出し袋には、最優先で持ち出すものを入れておきましょう。フード類には保存期限があるので、定期的にチェックしてローリングストックをして期限を過ぎないようにしましょう。

防災グッズリストは10ページへ

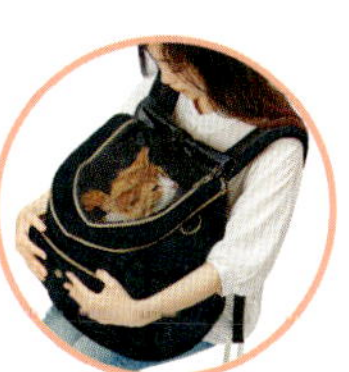

キャリーケースは、リュック型やショルダーバッグ型がおすすめ。両手が空いて安心です。
ネコココ リュックキャリー／E

ローリングストックって？

保存のきく食品をストックしておき、使ったらその分を買い足して、備蓄品を一定量に保ちながらストックする方法です。いつ使うかわからない備蓄用の食品は、いつのまにか消費期限が切れてしまうことも。期限が近いものから食べれば、万が一のときに安心して食品を確保することができます。

家庭によって備えるものは異なる

必要な防災グッズに正解はありません。本書のリストも、あくまでも目安。なぜなら、災害時に必要なものは、猫や飼い主さんによってちがうからです。10ページのリストを参考に、猫と飼い主さんに必要なものを用意しましょう。定期的にチェックして、現時点の猫と飼い主さんに必要なものに入れ替えることもわすれずに。

〈例〉1人暮らし・猫2匹

- 1人で猫2匹と非常用持ち出し袋を運ぶ方法を考える。
- 外出時でも安否が確認できるように、見守りカメラを設置する。

〈例〉夫婦2人（共働き）・子ども1人（保育園）猫1匹（持病あり）

- 子どもの引き取り、猫の避難の役割分担をしておく。
- 持病の薬のストックを用意する。
- 親が1人しか家にいなかった場合、子どもと猫、非常用持ち出し袋を運ぶ方法を考える。

避難場所を家族で共有しよう

自宅から近い避難場所がどこか知っていますか？　避難するときにあわてないように、家族全員で確認しておきましょう。災害時に家族全員が自宅にそろっているとは限りません。インターネットや電話がつながらず、連絡がとれないことも。そんな中でも無事に避難できるよう、待ち合わせ場所や猫の避難方法を決めておけば安心です。

被災したときに過ごす可能性のある避難所でのルールも確認しておくこと。ペットが同行するときの条件をあらかじめチェックしておくと、避難生活をどう送るのか判断しやすいです。

家族と話し合う

災害時、連絡がとれなくても集合できるように、家族が集まる場所を決めておくとよいでしょう。避難場所にはたくさん人がいるはずです。確実に会えるように「〇〇公園のブランコの前」など、細かく決めます。全員が外出している場合、だれが猫を避難させるかも決めておくと安心です。

話し合うこと

- 災害時の連絡方法と集合場所
- 留守だった場合の対応
- 猫の避難方法と預け先

避難場所を把握する

避難が必要なときには、避難場所に向かいます。災害の状況を一時的に確認する「一時集合場所」などを指定している自治体もあります。災害によって避難場所がかわることもあるので、あわせてチェックしましょう。

一時集合場所・避難場所

学校や公園など、災害時に危険から身を守るために避難する場所です。「一時集合場所」が火災などで危険な場合は、「避難場所」に避難します。

避難所

被害が大きく、避難生活が長引く場合には、学校の体育館などに設けられた避難所で生活をすることになります。

避難ルートを確認すべし！

避難先までどのように移動するか、道順を確認するために、避難訓練をしておきましょう。最短のルートを通ってみると、災害時に落下してきそうなものがあるなど、危険な場所があるかもしれません。

災害が発生したらどうする？

猫を助けるためにまず自分自身を守る

実際に災害が起きたとき、かならず優先してほしいことがあります。「飼い主さんの命」です。愛猫を助けるためには、まず飼い主さんの身を守らなければいけません。猫は、生存空間（生存するのに必要な空間）が小さく、すばやく動けるので、人間より生き延びられる確率が高くなります。だから、まずは飼い主さんの安全を確保してほしいのです。

飼い主さんの身の安全を確保できたら、家族や猫の安否を確認して避難準備をします。準備ができたら猫をキャリーバッグに入れ、いっしょに避難場所へ向かいましょう。

避難するとき　避難するときのOK行動とNG行動を覚えておきましょう。

OK

- 玄関ドアや窓の戸締まりを確認する
- ガスの元栓を閉める
- 電気のブレーカーを落とす
- ストーブなどの火元を消す
- 動きやすい服装にする

NG

- エレベーターに乗る
- 車で避難する（津波の場合はOK）
- 1人で行動する
- ライターなどの火をつける

同行避難が難しいときは置いていく決断を

いくら探しても猫が見つからないとき、猫がパニックを起こしてキャリーバッグに入らないときに危険が迫っていたら、やむをえず猫を置いて避難するしかありません。そのときは、ごはんや水を用意したり、いつも逃げ込んでいるスペースを開放したりしておきましょう。

避難するまでの流れ

ここでは、
地震がきたことを想定して解説します。

1 自分の身を守る

まずは自分の身の安全を確保します。地震がきたときは、テーブルの下などにかくれて頭を守りましょう。バルコニーは、落下などの危険性があるので、急いで室内へ移動します。個室で被災すると、ドア枠がゆがんで閉じ込められてしまうこともあるので注意。

2 避難の準備

自分の身の安全を確保したら、家族や猫の安否を確認しましょう。ガラスの破片などで足を切らないように、スリッパか外ぐつをはいて移動します。余震がきて逃げられなくならないために、屋外への避難経路の確保もわすれずに。

3 猫をつかまえる

ラジオなどで情報収集をして、必要があれば避難します。猫が怖がっていても、避難しなければなりません。緊急性が高くなければ、少し落ち着いてからでも◎。背後から大きなタオルをかぶせて、視界をさえぎってからつかまえるとスムーズです。

4 同行避難をする

避難している最中に、何かの拍子にキャリーバッグが開かないように、開口部をガムテープなどで固定します。災害時には空き巣が発生することがあるので、戸締まりをしっかりしてください。安全なルートを通って、避難しましょう。

猫と避難生活を送る

少しでも安心できる避難生活を送るために

どこで避難生活を送るかは、被災した状況によって異なります。猫も人も自宅で生活できるのがいちばんですが、ライフラインが通じていなければ人は生活できません。しかし倒壊するおそれがなければ、猫だけでも自宅で生活することは可能です。

自宅での生活が危険な場合は、猫も人も避難所へ行く必要があります。避難所では、たくさんの人が生活しています。中には、動物が苦手な人やアレルギーをもっている人もいるので、ペット飼育のルールを守って過ごすようにしましょう。

避難所で過ごす

1 はり紙をする

興味をもった人が、猫にさわってトラブルになってしまうことも。おとなも子どもも読めるように、はり紙をしておきましょう。飼い主さんの情報を書きこめば、何かあったときに声をかけてもらえます。

2 ケージにタオルをかける

いつもとちがう場所にいると、猫はストレスを感じます。まわりが見えないようにタオルや段ボール板などで囲って、少しでも落ち着ける環境をつくってあげましょう。

3 飼育エリアを守る

避難所では、飼育するエリアが決められていることがほとんど。いっしょに過ごしたいからといって、飼い主さんが生活するエリアに連れていくのは×。

4 掃除をする

排せつ物はにおいが強いため、早めに処理しましょう。においがもれにくい袋を使用したり新聞紙を入れてにおいを吸収させたりして、まわりに配慮しましょう。

5 においがついたタオルを置く

自分のにおいがついたタオルやおもちゃなどを入れておくと、猫が安心できます。自宅に戻ることができれば、においがついたものを持ち出すとよいでしょう。

預ける

災害時でも、動物病院やペットホテルで受け入れてくれるのであれば、預けてもよいでしょう。ただし、ワクチン未接種だと受け入れてもらえないことがあります。他には、親戚や知人に預ける方法も。突然お願いしてもこまらせてしまうため、あらかじめ約束して飼育方法を伝えておきましょう。

家に通う

自宅での安全が確保できれば、猫だけでも在宅避難ができます。猫にとっては、ストレスが少なくて済む環境です。窓やドアが破損していたら、ガムテープなどで補強したり、倒れたものがあれば別の部屋に移動させたりして、安全に過ごせるようにします。

車の中で過ごす

避難所がペット不可だったり、同じ空間で過ごしたほうが猫にとっても安心できたりする場合は、車内で避難生活を送る方法もあります。避難生活が長引くと、飼い主さんがエコノミークラス症候群にかかるおそれもあるので注意。

エコノミークラス症候群ってなに？

長時間同じ姿勢のまま足を動かさないと、血管がつまって呼吸困難や心肺停止を引き起こします。これが「エコノミークラス症候群」です。過去の避難生活で、車中泊をした人の多くがエコノミークラス症候群にかかりました。車で避難生活を送るなら、シートをフラットにする、足をマッサージするなどして、予防しましょう。

これで安心！　防災グッズリスト

下のリストを確認して、猫に必要な防災グッズを用意しましょう。

必ず用意するもの

- ☐ フード（5日分以上）
- ☐ 水（5日分以上）
- ☐ 療法食、薬
- ☐ キャリーバッグ（両手がふさがらないリュック型やショルダー型が◎）

できれば用意したいもの

- ☐ 猫の情報（写真や健康手帳、ワクチン接種証明書など）
- ☐ リード、ハーネス
- ☐ 洗濯ネット
- ☐ おやつ
- ☐ 食器
- ☐ ペットシーツ
- ☐ トイレ砂
- ☐ 冷却できるもの（暑い時期）
- ☐ 温められるもの（寒い時期）

避難所などにあとから持ち込みたいもの

- ☐ ケージ
- ☐ ペット用消臭剤
- ☐ 掃除グッズ
- ☐ 猫用ベッド
- ☐ おもちゃ
- ☐ ブラシ

あると便利なもの

- ☐ ガムテープ
- ☐ 新聞紙
- ☐ タオル
- ☐ 油性ペン

飼い主さん自身の
防災グッズも
わすれずに！

かまくらげんき動物病院
院長 **石野 孝**

麻布大学大学院修士課程を修了。中国内モンゴル農業大学で中国伝統獣医学(鍼灸、漢方)を学び、その後、かまくらげんき動物病院を開業。最新の西洋獣医学と伝統的な東洋医学を融合させて治療に用いるパイオニア的存在として国内外で幅広く活躍中。国際中獣医学院日本校の創設者であり、現理事長。そのほか主な所属として、中国南京農業大学教授、中国聊城大学教授、内モンゴル農業大学動物医学院特聘専家、(一社)日本ペットマッサージ協会理事長、(一社)日本ペット歯みがき普及協会理事など。

監修協力 相澤まな(かまくらげんき動物病院・副院長)
企画・編集 株式会社スリーシーズン
デザイン・装丁・DTP 細山田デザイン事務所(室田潤)
イラスト 上田惣子、おおたきょうこ、野田節美
写真 大野真人、清水紘子、髙田泰運、田辺エリ、中島聡美、布川航太、松岡誠太朗
協力 小林英子、宗村真紀子
写真提供 shutterstock、PIXTA

撮影・写真協力
株式会社 AHB　PetPlus https://www.ahb.jpn.com/
Kitten's Bouquet de Rose https://kittens-bouquetderose.com/
猫カフェ MOCHA https://catmocha.jp/
保護猫カフェねこかつ https://cafe-nekokatsu.com/

商品お問い合わせ先

A：**株式会社マルカン**
https://www.mkgr.jp/contact/
B：**アイリスオーヤマ**
https://www.irisohyama.co.jp/
C：**株式会社たかくら新産業**
https://takakura.co.jp/
D：**ユニ・チャーム**
https://pet.unicharm.co.jp/pro/index.html
E：**株式会社ペティオ**
https://www.petio.com/

＊2025年3月現在の情報です。

はじめての猫 決定版
この1冊で猫のお世話がまるわかり！

2025年 5月 6日　初版第1刷発行

発行人　川畑勝
編集人　中村絵理子
編集担当　曽田夏野
発行所　株式会社Gakken
〒141-8416　東京都品川区西五反田2-11-8
印刷所　株式会社リーブルテック

この本に関する各種お問い合わせ先
本の内容については、下記サイトのお問い合わせフォームよりお願いします。
https://www.corp-gakken.co.jp/contact/
在庫については　Tel 03-6431-1250(販売部)
不良品(落丁、乱丁)については　Tel 0570-000577
学研業務センター
〒354-0045　埼玉県入間郡三芳町上富279-1
上記以外のお問い合わせは　Tel 0570-056-710(学研グループ総合案内)

学研グループの書籍・雑誌についての新刊情報・詳細情報は、下記をご覧ください。
学研出版サイト　https://hon.gakken.jp/

※この本は2010年に当社より刊行された『はじめての猫　飼い方・育て方』に、新たな内容を加えて再編集し、新装版にしたものです。